省级实验教学示范中心系列教材

# 大学化学实验(Ⅲ)——分析化学实验

史小琴　主编

高淑云　董黎明　刘　青　副主编

化学工业出版社

·北京·

本书包括分析化学实验基础知识、滴定分析基本操作练习、酸碱滴定实验、配位滴定实验、氧化还原滴定实验、沉淀滴定实验、重量分析实验、吸光光度法实验、综合性实验共 9 章及附录，主要阐述了分析化学实验的基本知识、基础实验、设计性实验、综合性实验，精选了 44 个实验，每类实验可供灵活选择使用，全书内容精炼、信息量大。

本书可作为化学、化工、材料、环境、制药等专业的本科生分析化学实验用教材，也可供从事分析化学实验和科研的相关人员参考。

**图书在版编目（CIP）数据**

大学化学实验（Ⅲ）——分析化学实验/史小琴主编.
—北京：化学工业出版社，2014.8（2022.1重印）
省级实验教学示范中心系列教材
ISBN 978-7-122-21103-3

Ⅰ.①大…　Ⅱ.①史…　Ⅲ.①化学实验-高等学校-教材②分析化学-化学实验-高等学校-教材　Ⅳ.①O6-3

中国版本图书馆 CIP 数据核字（2014）第 141189 号

---

责任编辑：宋林青　　　　　　　文字编辑：颜克俭
责任校对：宋　玮　王　静　　　装帧设计：史利平

---

出版发行：化学工业出版社（北京市东城区青年湖南街 13 号　邮政编码 100011）
印　　装：涿州市般润文化传播有限公司
787mm×1092mm　1/16　印张 9¼　字数 221 千字　　2022 年 1 月北京第 1 版第 4 次印刷

购书咨询：010-64518888　　　　　　售后服务：010-64518899
网　　址：http://www.cip.com.cn
凡购买本书，如有缺损质量问题，本社销售中心负责调换。

---

定　　价：29.80 元

# 《大学化学实验》系列教材编委会

**主　编：**堵锡华

**副主编：**陈　艳

**编　委：**（以姓名笔画为序）

# FOREWORD 前言

    《大学化学实验》系列教材共分五册，是根据目前大学基础化学实验改革的新趋势，在多年实践教学经验的基础上编写而成的。本教材自成体系，力求实验内容的规范性、新颖性和科学性，编入的实验项目既强化了基础，又兼顾了综合性、创新性和应用性。教材将四大化学的基本操作实验综合为一册，这样就避免了各门课程实验内容的重复；其他四册从实验（Ⅰ）～实验（Ⅳ），涵盖了无机化学实验、有机化学实验、分析化学实验、物理化学实验的专门操作技能和基本理论，增加了相关学科领域的新知识、新方法和新技术，并适当增加了综合性、设计性和创新性实验内容项目，以进一步培养学生的实际操作技能和创新能力。

    本书为《大学化学实验（Ⅲ）——分析化学实验》分册，主要包括分析化学实验基础知识、滴定分析基本操作练习、酸碱滴定实验、配位滴定实验、氧化还原滴定实验、沉淀滴定实验、重量分析实验、吸光光度法实验、综合性实验共9章及附录，主要阐述了分析化学实验的基本知识、基础实验、设计性实验、综合性实验，从相关参考文献和实验研究中精选了44个实验项目，每类实验可灵活选择使用。

    本册由史小琴任主编，高淑云、董黎明、刘青任副主编。其中，刘青编写1.3，实验8、34、35、36、37、44；堵锡华编写实验9、10、19、40、41；高淑云编写实验13、14、15、16、18、29、30、31、32、33；董黎明编写实验1、2、3、4、5、6、7、11、12及附录1、2、3、4、5、6；史小琴编写1.1、1.2和实验17、20、21、22、23、24、25、26、27、28、38、39、42、43及附录7、8、9、10、11、12、13、14、15、16。

    本书可作为化学、化工、材料、环境、制药等专业本科生的分析化学实验用教材，也可供从事分析化学实验和科研的相关人员参考。

    由于编者水平有限，时间仓促，疏漏、不足之处在所难免，恳请有关专家和广大读者批评指正。

编  者<br/>2014 年 4 月

# 第1章 分析化学实验基础知识

## 1.1 分析化学实验的基本要求

### 1.1.1 实验目的

分析化学实验是高等院校化学化工各专业人才培养的一门重要基础课程，它既是一门独立的课程又需要与分析化学理论课紧密结合。通过对分析化学实验课程的学习，要求学生做到以下几点。

① 学习并掌握定量化学分析实验的基本知识、基本操作及技能。

② 确立"量"、"误差"和"偏差"、以及"有效数字"的概念，了解并能掌握影响分析结果的主要因素和关键操作环节，合理选择实验条件及实验仪器，仪器的选择要能做到该精确就精确、该粗略就粗略。

③ 正确地记录与处理实验数据，要实事求是，有条理，以确保定量分析结果的可靠性。

④ 通过实验加深对有关理论的理解并能灵活运用所学理论知识和实验知识，培养学生自拟实验方案并实际进行实验操作的能力，提高分析问题和解决实际问题的能力，培养创新意识和科学探索的兴趣，为将来的独立科研工作打下坚实的基础。

⑤ 培养严谨和实事求是的实验态度、良好的科学作风和实验素养。

### 1.1.2 对实验指导教师的要求

实验指导是在学生独立实践活动中进行教学工作的。实验教学工作的重点不是一般的讲解和说明，而是有计划、有针对性的个别指导。实验指导教师要遵循实验教学规律，发挥教师的主导作用。作为实验指导教师必须做到以下几点。

① 必须仔细阅读有关的实验教材，认真备课，做好板书内容。

② 必须做好预习实验，及时记录实验中可能出现的问题和做好本次实验的关键步骤。

③ 每次实验提前 15min 进入实验室，检查有关试剂、试样、实验设施和仪器是否准备好。

④ 指导实验过程中，必须关闭手机、穿实验服，不得离岗。对学生要认真负责，严格要求，态度和蔼，热情关心，为人师表。对于学生难以自我发现实验操作中所存在的习惯性毛病，或不能及时总结的实验操作的优点和经验，要及时给予耐心、细致的指导。

⑤ 实验后检查值日情况，关好水、电、门窗。然后告之实验室值班人员。

⑥ 认真批改学生实验报告。

### 1.1.3 对学生的要求

(1) 做好充分的实验预习

学生必须按教师要求准时进入实验室，不得无故迟到或缺勤。不得穿拖鞋、背心，女生的长头发要扎起来。在进实验室之前必须仔细阅读实验教材中有关的实验及基础知识，明确本次实验的实验原理，熟悉实验步骤及注意事项。

进入实验室后不要急于动手做实验，首先要对照预习报告检查仪器是否齐全或完好，发现问题应及时向指导教师汇报，然后对照仪器进一步预习，并接受教师的提问、讲解，在教师指导下做好实验准备工作。

（2）认真进行实验操作

实验时严格按照规范操作进行，要仔细观察，及时记录，勤于思考，学会运用所学分析化学理论知识解释实验现象，研究实验中出现的问题。仪器的使用要严格按照《大学化学实验——基础操作》中规定的操作规程进行，不可盲动；对于实验操作步骤，通过预习应心中有数，严禁在不了解实验原理和步骤的情况下，机械照搬书上的操作步骤，看一下书，动一动手。实验过程中要仔细观察实验现象，发现异常现象应仔细查明原因，或请教指导教师帮助分析处理。实验结果必须经教师检查，数据不合格的应及时返工重做，直至获得满意结果；实验数据应随时记录在预习报告本预先画好的表格内，不得随意记录在实验书的空白处或草稿纸或手上。实验数据应采用蓝色或黑色水笔记录，严禁使用铅笔记录数据。记录数据要实事求是，详细准确，且注意整洁清楚。如有实验数据记录错误需要改正，必须按要求划去原数据后重新记录，不得使用橡皮、涂改液、胶带纸或用笔反复涂抹覆盖原数据，以修改后仍能看清原数据为准，养成良好的记录习惯。实验完毕，经指导教师签字同意后，方可离开实验室。

（3）认真撰写实验报告

学生应独立完成实验报告，并在下次实验前及时送指导教师批阅。实验报告的内容包括实验目的与要求、实验原理、仪器与试剂、实验步骤、数据处理、结果讨论和思考题。结果讨论应包括对实验现象的分析解释，查阅文献的情况，对实验结果误差的定性分析或定量计算，对实验的改进意见和做实验的心得体会等，这是锻炼学生分析问题的重要一环，可以锻炼学生分析问题与解决问题的能力。

实验报告撰写包括七部分内容：

实验目的；

实验原理；

仪器与试剂；

实验步骤（采用流程方框图简单明了地表示）；

实验数据记录和数据处理（采用表格形式表示）；

思考题；

实验结果讨论（对实验结果的可靠性与合理性进行评价，并解释所观察到的实验现象，针对本实验中遇到的疑难问题，提出自己的见解和收获，也可对实验方法和实验内容提出自己的见解，对训练创新思维和创新能力有何帮助）。

# 1.2　实验室安全常识

在分析化学实验中，经常使用腐蚀性的、易燃、易爆炸的或有毒的化学试剂，大量使用易破损的玻璃仪器和某些精密分析仪器及煤气、水、电等。为确保实验的正常进行和人身安全，必须严格遵守实验室的安全规则。

① 实验室内严禁饮食、吸烟，一切化学药品禁止入口。实验完毕须洗手。水、电、煤气灯使用完毕后，应立即关闭。离开实验室时，应仔细检查水、电、煤气、门、窗是否均已关好。

② 使用煤气灯时，应先将空气孔调小，再点燃火柴，然后一边打开煤气开关，一边点火。不允许先开煤气灯，再点燃火柴。点燃煤气灯后，调节好火焰。用后立即关闭。

③ 使用电器设备时，应特别细心，切不可用湿润的手去开启电闸和电器开关。凡是漏电的仪器不要使用，以免触电。

④ 浓酸、浓碱具有强烈的腐蚀性，切勿溅在皮肤和衣服上。使用浓 $HNO_3$、$HCl$、$H_2SO_4$、$HClO_4$、氨水时，均应在通风橱中操作，绝不允许在实验室加热。夏天，打开浓氨水瓶盖之前，应先将氨水瓶放在自来水流水下冷却后，再行开启。如不小心将酸或碱溅到皮肤或眼内，应立即用水冲洗，然后用 $50g \cdot L^{-1}$ 碳酸氢钠溶液（酸腐蚀时采用）或 $50g \cdot L^{-1}$ 硼酸溶液（碱腐蚀时采用）冲洗，最后用水冲洗。

⑤ 使用乙醚、苯、丙酮、三氯甲烷等有机溶剂时，一定要远离火焰和热源。使用完后将试剂瓶塞严，放在阴凉处保存。低沸点的有机溶剂不能直接在火焰上或热源（煤气灯或电炉）上加热，而应在水浴上加热。

⑥ 热、浓的 $HClO_4$ 遇有机物容易发生爆炸。如果试样为有机物，应先用浓硝酸加热，使之与有机物发生反应，有机物被破坏后，再加入 $HClO_4$。蒸发 $HClO_4$ 所产生的烟雾易在通风橱中凝聚，如经常使用 $HClO_4$ 的通风橱应定期用水冲洗，以免 $HClO_4$ 的凝聚物与尘埃、有机物作用，引起燃烧或爆炸，造成事故。

⑦ 汞盐、砷化物、氰化物等剧毒物品，使用时应特别小心。氰化物不能接触酸，因为氰化物与酸作用时会产生剧毒的 $HCN$！氰化物废液应倒入碱性亚铁盐溶液中，使其转化为亚铁氰化铁盐，然后作废液处理，严禁直接倒入下水道或废液缸中。硫化氢气体有毒，涉及有关硫化氢气体的操作时，一定要在通风橱中进行。

⑧ 如发生烫伤，可在烫伤处抹上黄色的苦味酸溶液或烫伤软膏。严重者应立即送医院治疗。实验室如发生火灾，应根据起火的原因进行针对性灭火。酒精及其他可溶于水的液体着火时，可用水灭火；汽油、乙醚等有机溶剂着火时，用砂土扑灭，此时绝对不能用水，否则反而扩大燃烧面；导线或电器着火时，不能用水及 $CO_2$ 灭火器灭火，而应首先切断电源，用 $CCl_4$ 灭火器灭火，并根据火情决定是否要向消防部门报告。

⑨ 实验室应保持室内整齐、干净。不能将毛刷、抹布扔在水槽中；禁止将固体物、玻璃碎片等扔入水槽内，以免造成下水道堵塞。此类物质以及废纸、废屑应放入废纸箱或实验室规定存放的地方。废酸、废碱应小心倒入废液缸，切勿倒入水槽内，以免腐蚀下水管。

# 1.3 定量分析实验概述

### 1.3.1 试样的采取和制备

在分析工作中，一般只称取几克或十分之几克试样，而它所代表的则是吨级或更多的物料。因此，要求采集的试样必须能代表全部物料的平均组成，否则分析结果是毫无意义的。

（1）组成分布比较均匀的试样

对于气体、液体以及某些较均匀的固体（如化肥、化学药品等），可以采集任意部分或稍加混匀后取一部分，即可作为分析试样。即便如此，也应当根据物料的性质，力求避免可能产生不均匀的某些因素。

(2) 组成分布不均匀的试样

对于那些颗粒大小不一、成分混杂不齐、组成不均匀的固体物料（如矿石、土壤、煤炭等），选取具有代表性的均匀试样，是一项较为复杂的操作。为了使采集的试样具有代表性，必须按一定的程序，自物料的各个不同部位，取出一定数量、大小不同的颗粒。取出的分数越多，则试样的组成与被分析物料的平均组成越接近。

试样的采集量可按下述经验公式计算：

$$Q \geqslant Kd^2$$

式中，$Q$ 为采集试样的最低质量，kg；$d$ 为试样中最大颗粒的直径，mm；$K$ 为经验常数，可由实验求得。一般矿石的 $K$ 在 0.05～1 之间。样品越不均匀，其 $K$ 值就越大。

按上述方法采集的试样其量很大且不均匀，需要通过多次的粉碎、过筛、混匀、缩分等步骤，以制得少量、均匀并有代表性的分析试样。

### 1.3.2  试样的分解

在一般分析工作中（干法分析除外），需要先将试样分解，使被测组分定量转入溶液中，才能进行分析。在试样分解过程中要防止被测组分的损失，同时还要避免引入干扰测定的杂质。应当根据试样性质和测定方法的不同，选择合适的分解方法。常用的方法有溶解法、熔融法和半熔法（烧结法）。

(1) 溶解法

采用酸或碱溶解试样是常用的方法。常用的溶剂有：$HCl$、$HNO_3$、$H_2SO_4$、$H_3PO_4$、$HClO_4$、$HF$、$NaOH$ 以及混合溶剂（如王水）。

(2) 熔融法

将试样与固体熔剂混合后，在高温条件下熔融分解，再用水或酸浸取，使其转入溶液中。

① 酸熔法　常用的酸性熔剂有 $K_2S_2O_7$ 和 $KHSO_4$。

② 碱熔法　常用的碱性熔剂有 $Na_2CO_3$、$NaOH$、$Na_2O_2$ 等。$NaOH$ 和 $Na_2O_2$ 的腐蚀性强，只能在铁、银、刚玉坩埚中熔融。

(3) 半熔法（烧结法）

在高温下熔融分解试样的同时造成对坩埚的浸蚀，浸蚀下来的杂质会给分析测定带来困难。半熔法是在低于熔点的条件下，让试样与熔剂作用。由于温度低，对坩埚浸蚀小，可在瓷坩埚中进行。

### 1.3.3  分离和富集

在定量分析中，常遇到比较复杂的试样。在测定其中某一组分时，共存的组分便会产生干扰，可以通过控制分析条件或采用掩蔽法来消除干扰。若仍无法解决问题，就需要将待测组分与干扰组分分离。在有些试样中，待测组分的含量较低，而现有测定方法的灵敏度又不够高，这时必须先对待测组分进行富集，然后进行测定。富集过程也就是分离过程。

在分析化学中，常用的分离和富集方法有沉淀分离法、挥发和蒸馏分离法、溶剂萃取分离法、离子交换分离法、色谱分离法等。新兴的分离和富集方法有固相微萃取、超临界流体萃取分离法、微波萃取分离法等。

（1）沉淀分离法

沉淀分离是一种经典的分离方法，它利用沉淀反应把被测组分和干扰组分分开。此方法主要依据溶度积原理。根据沉淀剂的不同，沉淀分离可以分成无机沉淀剂分离法、有机沉淀剂分离法和共沉淀分离法。

（2）挥发和蒸馏分离法

挥发和蒸馏分离法是利用化合物挥发性的差异进行分离的方法。可用于除去干扰，也可以使待测组分定量地挥发出来后再测定。

（3）溶剂萃取分离法

溶剂萃取是指利用与水不相混溶的有机溶剂与试液一起振荡，试液中一些组分进入有机相而与其他组分分离的方法。溶剂萃取又叫液-液萃取，它是最常用的分离方法之一，在化学研究和工业生产中都有着广泛的应用。本法所需的仪器简单，操作方便，分离和富集效果好，使用的浓度范围很宽。如果被萃取的组分对可见光有强烈的吸收，则萃取后的有机相可直接用于比色测定。但缺点是费时，工作量较大；萃取溶剂常是易挥发、易燃和有毒物质，所以应用上受到限制。

（4）离子交换分离法

离子交换分离法是一种利用离子交换树脂与试液中的离子发生交换作用而使离子分离的方法。各种离子与离子交换树脂交换能力不同，被交换到树脂上的离子可选用适当的洗脱剂依次洗脱，从而达到彼此之间的分离。本方法分离效率高，既能用于带相反电荷的离子间的分离，也能实现带相同电荷的离子间的分离，某些性质极其相近的物质，如 Nb 和 Ta、Zr 和 Hf 的分离，稀土元素之间的相互分离都可以用离子交换法来完成。离子交换法还可以用于微量元素、痕量物质的富集和提取，蛋白质、核酸、酶等生物活性物质的纯化等。离子交换法所用设备简单，交换容量可大可小，树脂还可反复再生使用。这种方法的缺点是操作较麻烦，周期长。分析化学中一般只用它来解决某些比较困难的分离问题。

（5）色谱分离法

色谱法又称层析法或色层法，这类分离方法的分离效率高，能将各种性质及相似的组分彼此分离。这是一种物理化学分离方法，利用各组分的物理化学性质的差异，而使各组分不同程度地分配在两相中。一相是固定相，另一相是流动相。由于各组分受到的两相作用力的不同，从而使各组分以不同的速度移动，达到分离的目的。根据流动相的状态，色谱法可分为液相色谱法和气相色谱法。

色谱分离操作简便，不需要很复杂的设备，样品用量可大可小，既能用于实验室的分离分析，也适用于产品的制备和提纯。如果与有关仪器结合，可组成各种自动的分离分析仪器。因此，在医药卫生、环境保护、生物化学等领域，已经成为经常使用的分离分析方法。

## 1.3.4 分析测定方法的选择

一种被测组分可以有数种测定方法，究竟采用何种方法，应根据下述情况选择。

（1）测定的具体要求

接受分析任务时，首先要明确分析的目的和要求，确定被测组分、结果的准确度和分析允许的时间等。如标样分析和成品分析，准确度是主要的；高纯物质中杂质含量的测定、试样中微量组分的测定，灵敏度是主要的；生产过程中的控制分析，速度便成了主要问题。应根据分析的目的、要求，选择适宜的测定方法。

（2）被测组分的性质

一般来说，测定方法都基于被测组分的某种性质。如 $Mn^{2+}$ 在 pH 大于 6 时，能与 EDTA 定量络合，可用络合滴定法测其含量；$MnO_2$ 具有氧化性，可用氧化还原滴定法测其含量；$MnO_4^-$ 呈紫红色，可用比色分析法测定。对被测组分性质的了解，可帮助我们选择合适的测定方法。

（3）被测组分的含量

测定常量组分，多采用滴定分析法和重量分析法；测定微量组分，多采用仪器分析法。

（4）共存组分的影响

在选择测定方法时，必须考虑共存组分对测定的影响，尽量选择不受共存组分干扰的测定方法。

此外，还应根据设备条件选择切实可行的测定方法。

### 1.3.5 分析结果的计算和评价

要想取得准确的化学分析结果，不仅需要准确测量，还要正确记录与计算。正确记录是指记录数字的位数，它反映测量的准确程度。实际能测得的数字即有效数字，其保留位数的多少，根据操作者所用的分析方法和仪器的准确度来决定。在计算分析结果时，高含量（>10%）组分一般要求保留 4 位有效数字，含量在 1%～10% 的一般要求保留 3 位有效数字，含量小于 1% 的组分只要求保留 2 位有效数字。分析中的各类误差通常取 1～2 位有效数字。分析化学的计算中，加减法中保留有效数字是以小数点后位数最少的为准，乘除法中是以位数最少的数为准。

在处理实验数据时，首先要把数据加以整理，剔除由于明显的原因而与其他测定结果相差很远的数据，对于一些精密度似乎不很高的数据，则按可以照 $Q$ 检验法或其他检验法决定取舍，然后计算数据的平均值、偏差、平均偏差与标准偏差，最后按照要求的置信度求出平均值的置信区间。

① 平均偏差　表示一组测定结果的精密度。

$$\bar{d} = \frac{\sum |x - \bar{x}|}{n}$$

式中，$\bar{d}$ 为平均偏差；$x$ 为任何一次测定结果的数值；$\bar{x}$ 为 $n$ 次测定结果的平均值。

② 相对平均偏差

$$\bar{d}_r = \frac{\bar{d}}{x} \times 100\%$$

③ 标准偏差　当测定次数较多时，常用标准偏差或相对标准偏差来表示一组平行测定值的精密度。

$$s = \sqrt{\frac{\sum\limits_{i=1}^{n} (x_i - \bar{x})^2}{n-1}}$$

④ 相对标准偏差　又称变异系数。

$$s_r = \frac{s}{x} \times 100\%$$

# 第2章 滴定分析基本操作练习

## 实验 1　电子天平称量练习

### 【实验目的与要求】

1. 了解电子天平的种类和规格；

2. 了解电子天平的工作原理，熟悉其基本结构，了解其维护和保养方法；

3. 能进行电子天平的水平调节、开机、校正、去皮、称量、关机等操作；

4. 能进行固定质量称量法的称量操作；

5. 能进行递减质量称量法的称量操作；

6. 初步培养学生准确、整齐、简明地记录实验原始数据的习惯。

### 【实验原理】

电子天平是最新一代的天平，是根据电磁力平衡原理，直接称量，全量程不需砝码，放上被称物后，在几秒钟内即达到平衡，具有称量速度快、精度高、使用寿命长、性能稳定、操作简便和灵敏度高的特点，其应用越来越广泛并逐步取代机械天平。

电子天平的称量依据是电磁力平衡原理。秤盘的重力向下，并通过连杆支架作用于线圈上，线圈内有电流通过时，产生一个向上的电磁力，与秤盘重力方向相反，大小相等，天平处于平衡状态。当秤盘上放上物品时，通过改变线圈电流改变电磁力的大小，使天平重新恢复平衡。而线圈电流的大小与物品的质量成正比，用数字直接显示出物品的质量。

### 【仪器、 试剂与材料】

1. 仪器：电子天平、称量瓶、锥形瓶（250mL）、小烧杯（50mL）。

2. 试剂和材料：石英砂、分析纯氯化钠试样。

### 【实验步骤】

1. 固定质量称量法称量练习

（1）调节天平水平。

（2）开机自检并预热 30min。

（3）用仪器配套的校准砝码进行校准。

（4）将洁净、干燥的小烧杯轻轻放入秤盘上，清零（去皮）。

（5）用小药匙取适量石英砂样品于小烧杯中，关好天平门，稳定后，读数，记录样品的质量。

（6）将样品装入回收瓶中，重复称量 3 次。要求称取的样品质量为 0.5000g。

2. 递减质量称量法称量练习

(1) 重新清零。

(2) 将装有适量氯化钠试样的称量瓶放在电子天平的秤盘上，关好天平门，稳定后，清零（不必记录读数）。

(3) 取出称量瓶，将试样小心敲入锥形瓶中，估计试样的质量，至差不多为止，重新称取，直至电子天平显示 -0.4～0.5g 为止（注：一般要求 3 次敲准，第一次为试敲。若敲多了，须重新称取）。

(4) 连续称取 3 份样品。

**【实验结果与数据处理】**

1. 固定称量法相关数据

| 被称物名称 | | | |
|---|---|---|---|
| 读数(质量)/g | | | |

2. 差减称量法相关数据

| 被称物名称 | | | |
|---|---|---|---|
| 读数(质量)/g | | | |

**【实验注意事项】**

1. 湿的容器敞口不可放入称量，以免读数不稳定。

2. 加热过的物品需冷却至室温方可称量。

3. 易挥发、有腐蚀性的药品需用专用容器称量。

4. 称量时需细心，不可将药品撒在天平内，尤其称量液体试样时严防倾倒。倾样时不能有样品撒在锥形瓶外面，使称量不准确。

5. 调好水平后就不要再移动天平。称量时应及时关好天平门，否则读数不准确。

6. 称量过程中要轻拿轻放，要轻按各功能键，严禁粗暴操作。

7. 称量的物品质量不可超出天平的最大载荷，以免损坏天平。

8. 称量完毕要取下物品才能关闭电源，保持天平干燥和清洁。

**【思考题】**

1. 天平称量之前需要做哪些工作？

2. 用分析天平称量的方法有哪几种？固定质量称量法和差减称量法各有何优缺点？在什么情况下选用这两种方法？

3. 减量法称量时，能否使用药匙取药品？为什么？

**【e 网链接】**

1. http://www.docin.com/p-12468610.html

2. http://www.chinadmd.com/file/eizr3puoa3px6o63se3cxci6_1.html

# 实验 2　容量器皿的校准

**【实验目的与要求】**

1. 了解容量器皿校准的意义；

2. 掌握滴定管、移液管、容量瓶的使用方法；

3. 练习滴定管、移液管、容量瓶的校准方法；

4. 练习移液管和容量瓶的相对校准。

**【实验原理】**

滴定管、移液管和容量瓶是分析实验室常用的玻璃容量仪器，这些容量器皿都具有刻度和标称容量，此标称容量是 20℃时以水体积来标定的。合格产品的容量误差应小于或等于国家标准规定的容量允差。但由于不合格产品的流入、温度的变化、试剂的腐蚀等原因，容量器皿的实际容积与它所标称的容积往往不完全相符，有时甚至会超过分析所允许的误差范围，若不进行容量校准就会引起分析结果的系统误差。因此，在准确度要求较高的分析工作中，必须对容量器皿进行校准。

容量器皿的校准常采用绝对校准法和相对校准法。

绝对校准是测定容量器皿的实际容积。常用的校准方法为称量法。即用天平称得容量器皿容纳或放出纯水的质量，然后根据水的密度，计算出该容量器皿在标准温度 20℃时的实际体积。

由质量换算成容积时，需考虑三个方面的影响。

（1）水的密度随温度的变化。

（2）温度对玻璃器皿容积胀缩的影响。

（3）在空气中称量时空气浮力的影响。

为了方便起见，将不同温度下真空中水的密度 $\rho_t$ 值和其在空气中的总校正值 $\rho_t$（空）列于表 1。

表 1  不同温度下的 $\rho_t$ 和 $\rho_t$（空）

| 温度/℃ | $\rho_t$/g·mL$^{-1}$ | $\rho_t$（空）/g·mL$^{-1}$ | 温度/℃ | $\rho_t$/g·mL$^{-1}$ | $\rho_t$（空）/g·mL$^{-1}$ |
|---|---|---|---|---|---|
| 5 | 0.99996 | 0.99853 | 18 | 0.96860 | 0.99749 |
| 6 | 0.99994 | 0.99853 | 19 | 0.99841 | 0.99733 |
| 7 | 0.99990 | 0.99852 | 20 | 0.99821 | 0.99715 |
| 8 | 0.99985 | 0.99849 | 21 | 0.99799 | 0.99695 |
| 9 | 0.99978 | 0.99845 | 22 | 0.99777 | 0.99676 |
| 10 | 0.99970 | 0.99839 | 23 | 0.99754 | 0.99655 |
| 11 | 0.99961 | 0.99833 | 24 | 0.99730 | 0.99634 |
| 12 | 0.99950 | 0.99824 | 25 | 0.99705 | 0.99612 |
| 13 | 0.99938 | 0.99815 | 26 | 0.99679 | 0.99588 |
| 14 | 0.99925 | 0.99804 | 27 | 0.99652 | 0.99566 |
| 15 | 0.99910 | 0.99792 | 28 | 0.99624 | 0.99539 |
| 16 | 0.99894 | 0.99773 | 29 | 0.99595 | 0.99512 |
| 17 | 0.99878 | 0.99764 | 30 | 0.99565 | 0.99485 |

例如，在 22℃时，某支移液管放出的纯水质量为 25.948g，查表得此时密度为 0.99676g·mL$^{-1}$，则该移液管在 22℃时的实际容积为：

$$V_{22} = \frac{24.948\text{g}}{0.99676\text{g·mL}^{-1}} = 25.03\text{mL}$$

则这支移液管的校正值为（25.03－25.00）mL＝0.03mL。

欲详细、全面了解容量仪器的校准，可参考 JJG 196—90《常用玻璃量器检定规程》。

相对校准要求两种容器体积之间有一定的比例关系时，常采用相对校准的方法。例如：在分析化学实验中，经常利用容量瓶配制溶液，用移液管取出其中一部分进行测定，最后分析结果的计算并不需要知道容量瓶和移液管的准确体积数值，只需知道两者的体积比是否为准确的整数，即要求两种容器体积之间有一定的比例关系。此时对容量瓶和移液管可采用相对校准法进行校准。例如，25mL 移液管量取液体的体积应等于 250mL 容量瓶量取体积的10％。此法简单易行，应用较多，但必须在这两件仪器配套使用时才有意义。

特别值得一提的是，校准是技术性很强的工作，操作要规范、正确。校准不当和使用不当都是产生容量误差的主要原因，其误差可能超过允差或量器本身固有误差，而且校准不当的影响将更有害。所以，校准时必须仔细、正确地进行操作，使校准误差减至最小。凡是使用校正值的，其校准次数不可少于 2 次，两次校准数据的偏差应不超过该量器容量允差的1/4，并以其平均值为校准结果。

### 【仪器、试剂与材料】

1. 仪器：分析天平，酸式滴定管（50mL），移液管（25mL），容量瓶（250mL），烧杯，磨口锥形瓶（50mL），洗耳球。

2. 试剂和材料：温度计。

### 【实验步骤】

1. 滴定管的校准（称量法）

准备好待校准已洗净的滴定管并注入与室温达平衡的蒸馏水至零刻度以上（可事先用烧杯盛蒸馏水，放在天平室内，并且杯中插有温度计，测量水温，备用），记录水温（$t/℃$），调至零刻度后，从滴定管中以正确操作放出一定质量的纯水于已称重且外壁洁净、干燥的50mL 具塞的锥形瓶中（切勿将水滴在磨口上）。每次放出的纯水的体积叫表观体积，根据滴定管的大小不同，表观体积的大小可分为 1mL、5mL、10mL 等，50mL 滴定管每次按每分钟约 10mL 的流速，放出 10mL（要求在 10mL±0.1mL 范围内）（应记录至小数点后几位?），盖紧瓶塞，用同一台分析天平称其质量并称准确至小数点后第 4 位（为什么?）。直至放出 50mL 水。每两次质量之差即为滴定管中放出水的质量。以此水的质量除以由表 1 查得实验温度下经校正后水的密度 $\rho_t$（空），即可得到所测滴定管各段的真正容积。并从滴定管所标示的容积和所测各段的真正容积之差，求出每段滴定管的校正值和总校正值（表 2）。每段重复一次，两次校正值之差不得超过 0.02mL，结果取平均值。并将所得结果绘制成以滴定管读数为横坐标、以校正值为纵坐标的校正曲线。

表 2　滴定管校准表（示例）

校准时水的温度（℃）：_____　　　　　　　　　　　　水的密度(g·mL$^{-1}$)：_____

| 滴定管读数/mL | 水的表观体积/mL | 瓶与水的质量/g | 水质量/g | 真正容积/mL | 校准值/mL | 累积校准值/mL |
|---|---|---|---|---|---|---|
| 0.00 | | 29.200(空瓶) | | | | |
| 10.10 | 10.10 | 39.280 | 10.080 | 10.12 | +0.02 | +0.02 |
| 20.07 | 9.97 | 49.190 | 9.910 | 9.95 | −0.02 | 0.00 |
| 30.04 | 9.97 | 59.180 | 9.990 | 10.03 | +0.06 | +0.06 |
| 39.99 | 9.95 | 69.130 | 9.930 | 9.97 | +0.02 | +0.08 |
| 49.93 | 9.94 | 79.010 | 9.880 | 9.92 | −0.02 | +0.06 |

## 2. 移液管的校准

方法同上。将25mL移液管洗净，吸取纯水调节至刻度，将移液管水放出至已称重的锥形瓶中，再称量，根据水的质量计算在此温度时它的真正容积。重复一次，对同一支移液管，两次校正值之差不得超过0.02mL，否则重做校准。测量数据按表3记录和计算。

**表3　移液管校准表**

校准时水的温度（℃）：_____　　　　　　　　　　水的密度（g·mL⁻¹）：_____

| 移液管<br>标称容积/mL | 锥形瓶<br>质量/g | 瓶与水的<br>质量/g | 水<br>质量/g | 实际<br>容积/mL | 校准值/mL |
|---|---|---|---|---|---|
| 25.00 | | | | | |

## 3. 容量瓶与移液管的相对校准

用已校正的移液管进行相对校准。用25mL移液管移取蒸馏水至洗净而干燥的250mL容量瓶（操作时切勿让水碰到容量瓶的磨口）中，移取10次后，仔细观察溶液弯月面下缘是否与标线相切，若不相切，可用透明胶带另做一新标记。经相互校准后的容量瓶与移液管均做相同标识，经相对校正后的移液管和容量瓶，应配套使用，因为此时移液管取一次溶液的体积是容量瓶容积的1/10。由移液管的真正容积也可知容量瓶的真正容积（至新标线）。

## 【实验结果与数据处理】

### 1. 滴定管校准相关数据

校准时水的温度（℃）：_____　　　　　　　　　　水的密度（g·mL⁻¹）：_____

| 滴定管<br>读数/mL | 水的表观体积/mL | 瓶与水的<br>质量/g | 水质量/g | 真正<br>容积/mL | 校准值<br>/mL | 累积校<br>准值/mL |
|---|---|---|---|---|---|---|
| | | | | | | |
| | | | | | | |
| | | | | | | |
| | | | | | | |
| | | | | | | |

### 2. 移液管校准相关数据

校准时水的温度（℃）：_____　　　　　　　　　　水的密度（g·mL⁻¹）：_____

| 移液管<br>标称容积/mL | 锥形瓶<br>质量/g | 瓶与水的<br>质量/g | 水<br>质量/g | 实际<br>容积/mL | 校准值/mL |
|---|---|---|---|---|---|
| 25.00 | | | | | |

## 【实验注意事项】

1. 校准容量仪器时，必须严格遵守它们的使用规则。只有规范操作，校准才有意义。

2. 容量瓶校准时，必须晾干。

## 【思考题】

1. 为什么要进行容器器皿的校准？影响容量器皿体积刻度不准确的主要因素有哪些？

2. 为什么在校准滴定管时称量只要称到0.001g？

3. 利用称量水法进行容量器皿校准时，为何要求水温和室温一致？若两者有稍微差异时，以哪一温度为准？

4. 本实验从滴定管放出纯水于称量用的锥形瓶中时应注意些什么？

5. 滴定管有气泡存在时对滴定有何影响？应如何除去滴定管中的气泡？

6. 使用移液管的操作要领是什么？为何要垂直流下液体？为何放完液体后要停留一定时间？最后留于管尖的液体如何处理？为什么？

7. 容量瓶校准时为什么需要晾干？再用容量瓶配制溶液时是否也要晾干？

【e 网链接】

1. http：//hxzx.jlu.edu.cn/lab/2jiaoxue/xiangmu/chem/103.htm

2. http：//unit.cug.edu.cn/2006syjxpb/clhx/wsyx/fxhxsy/fxsy07.asp

# 实验 3  酸碱标准溶液的配制与浓度的比较

【实验目的与要求】

1. 掌握酸碱标准溶液的配制和浓度的比较；

2. 练习滴定操作技术和滴定终点的判断；

3. 熟悉甲基橙、酚酞指示剂的使用和终点颜色的变化，初步掌握酸碱指示剂选择的方法；

4. 掌握滴定结果的数据记录和数据处理方法。

【实验原理】

在酸碱滴定中，酸标准溶液通常是用 HCl 或 $H_2SO_4$ 来配制，其中用得较多的是 HCl。如果试样要和过量的酸标准溶液共同煮沸时，则选用 $H_2SO_4$。$HNO_3$ 有氧化性并且稳定性较差，故不宜选用。

碱标准溶液一般都用 NaOH 配制。KOH 较贵，应用不普遍。$Ba(OH)_2$ 可以用来配制不含碳酸盐的碱标准溶液。

市售的酸浓度不确定，碱的纯度也不够准确，而且常吸收 $CO_2$ 和水蒸气，因此都不能直接配制准确浓度的溶液。通常是先将它们配成近似浓度，然后通过比较滴定或标定来确定它们的准确浓度，其浓度一般是在 $0.01\sim1mol\cdot L^{-1}$ 之间，具体浓度可以根据具体的需要进行选择。

标准溶液是指浓度确切已知并且可用来滴定的溶液，一般采用直接法和间接法来配制。通常情况下，只有基准物质才能用直接法配制标准溶液，而其他的物质只能用间接法配制。基准物质是能用于直接配制标准溶液或标定溶液准确浓度的物质。基准物质应符合下列四点要求。

(1) 组成应与它的化学式完全相符，若含有结晶水，如 $H_2C_2O_4\cdot2H_2O$、$Na_2B_4O_7\cdot2H_2O$ 等，其结晶水的含量均应符合化学式。

(2) 试剂的纯度足够高，质量分数在 $99.9\%$ 以上。

(3) 在一般情况下应该很稳定，不易与空气中的 $O_2$ 及 $CO_2$ 反应，亦不吸收空气中的水分。

（4）试剂参加滴定反应时，应按反应式定量进行，没有副反应。

当然，基准物质最好有较大的摩尔质量，以减小称量误差。

直接法配制：准确称取一定量的基准物质于小烧杯中，加适量水溶解后，定量地转移至一定体积的容量瓶中，稀释定容，摇匀，贴标签。所配溶液的准确浓度可以通过计算直接得到。

间接法配制：先配制近似于所需浓度的溶液，然后用基准物质（或已经用基准物质标定过的标准溶液）来标定其准确浓度。

本实验中所用到的 NaOH 固体易吸收空气中的 $CO_2$ 和水分，浓盐酸易挥发，浓度不确定，因此它们对应的标准溶液通常是用间接法进行配制的。

酸碱比较滴定一般是指用酸标准溶液滴定碱标准溶液或用碱标准溶液滴定酸标准溶液的操作过程。当 HCl 和 NaOH 溶液反应达到等量点时，根据等物质的量规则有：

$$c_{HCl}V_{HCl}=c_{NaOH}V_{NaOH} \text{ 即 } \frac{c_{HCl}}{c_{NaOH}}=\frac{V_{NaOH}}{V_{HCl}}$$

因此，只要标定其中任何一种溶液的浓度，就可以通过比较滴定的结果（体积比），算出另一种溶液的准确浓度。

在进行浓度比较时，以 $0.1mol \cdot L^{-1}$ HCl 与 $0.1mol \cdot L^{-1}$ NaOH 相互滴定，其 pH 突跃范围为 4.3～9.7，因此甲基橙、甲基红、中性红、酚酞都可以用来指示终点。

### 【仪器、试剂与材料】

1. 仪器：电子天平，称量瓶，滴定管（50mL），容量瓶（250mL），移液管（25mL），烧杯（100mL、250mL、500mL），锥形瓶（250mL），量筒（10mL、50mL），洗耳球，玻璃棒，洗瓶，铁架台，滴定管夹等。

2. 试剂和材料：浓 HCl，NaOH（分析纯），酚酞指示剂（0.2％的乙醇溶液），甲基橙（0.1％的水溶液）。

### 【实验步骤】

1. $0.1mol \cdot L^{-1}$ HCl 溶液的配制

用干净的量筒量取浓 HCl 4.5mL，倒入 1000mL 试剂瓶中，用蒸馏水稀释至 1000mL，盖上瓶塞，摇匀，贴标签。

2. $0.1mol \cdot L^{-1}$ NaOH 溶液的配制

用干净的量筒量取澄清的 50％ NaOH 2.8mL，倒入 1000mL 试剂瓶中，用无 $CO_2$ 蒸馏水稀释至 1000mL，用橡皮塞塞紧，摇匀。

溶液配好后，贴上标签，标签上应注明试剂名称、专业、班级、姓名和配制日期，留待以后实验用（以上酸、碱标准溶液，由两个同学共同配制）。

3. 比较滴定

（1）NaOH 溶液滴定 HCl 溶液

用 $0.1mol \cdot L^{-1}$ 盐酸溶液润洗已洗净的酸式滴定管，每次 5～10mL 溶液，从滴定管嘴放出弃去，共洗 3 次，以除去沾在管壁及旋塞上的水分。然后装满滴定管，取碱式滴定管按上述方法润洗 3 次并装入氢氧化钠溶液，除去橡皮管下端的空气泡。

调节滴定管内溶液的弯月面在零刻度处或略低于零刻度的下面，静止 1min，准确读数，并记录在实验报告册上，不得随意记录在纸片上。

由酸式滴定管放出 20mL 盐酸溶液于 250mL 锥形瓶中（过 2min 读数，记下准确的体积数），再加入 1 滴酚酞指示剂，用 NaOH 溶液滴定至出现微红色且 30s 不褪色，即为终点。记下所消耗的氢氧化钠溶液的体积。

重新把滴定管装满溶液，按上述方法再滴定两次（平行滴定，每次滴定应使用滴定的同一段体积），计算氢氧化钠与盐酸的体积比。要求 3 次测定结果的相对平均偏差均小于 0.2%。

（2）HCl 溶液滴定 NaOH 溶液

由碱式滴定管放出约 20mL NaOH 溶液于锥形瓶中，加入甲基红指示剂 1～2 滴，用 HCl 溶液滴至溶液由黄色变为橙色，即为终点。若滴定过量，溶液已经变红，可以用 NaOH 溶液回滴至溶液变为黄色，再用 HCl 溶液滴至橙色。重新把滴定管装满溶液，按上法再滴定两次，计算盐酸与氢氧化钠的体积比。要求 3 次测定结果的相对均差小于 0.2%。

**【实验结果与数据处理】**

1. NaOH 溶液滴定 HCl 溶液（指示剂：酚酞）的相关数据

| 测定次数 | 1 | 2 | 3 |
|---|---|---|---|
| NaOH 终读数/mL | | | |
| 初读数/mL | | | |
| 消耗 $V_{NaOH}$/mL | | | |
| HCl 终读数/mL | | | |
| 初读数/mL | | | |
| 消耗 $V_{HCl}$/mL | | | |
| $V_{NaOH}/V_{HCl}$ | | | |
| $V_{NaOH}/V_{HCl}$ 的平均值 | | | |
| 相对平均偏差/% | | | |

2. HCl 溶液滴定 NaOH 溶液（指示剂：甲基橙）的相关数据

| 测定次数 | 1 | 2 | 3 |
|---|---|---|---|
| HCl 终读数/mL | | | |
| 初读数/mL | | | |
| 消耗 $V_{HCl}$/mL | | | |
| NaOH 终读数/mL | | | |
| 初读数/mL | | | |
| 消耗 $V_{NaOH}$/mL | | | |
| $V_{NaOH}/V_{HCl}$ | | | |
| $V_{NaOH}/V_{HCl}$ 的平均值 | | | |
| 相对平均偏差/% | | | |

**【实验注意事项】**

1. 浓盐酸挥发性较大，具有强烈的刺激性气味，在使用浓盐酸配制稀盐酸时，应在通风橱中配制。

2. NaOH 因吸收 $CO_2$ 而混有少量的 $Na_2CO_3$，以致在实验中导致误差，必须设法除去 $CO_3^{2-}$，配制不含 $CO_3^{2-}$ 的 NaOH 溶液有以下 3 种方法。

（1）在台秤上用小烧杯称取比理论计算值稍多的 NaOH 固体，用不含 $CO_2$ 的蒸馏水迅速冲洗一次，以除去固体表面的少量 $Na_2CO_3$，溶解并稀释定容。

（2）在 NaOH 溶液中加入少量 $Ba(OH)_2$ 或 $BaCl_2$，$CO_3^{2-}$ 以 $BaCO_3$ 形式沉淀，取上层清夜稀释至所需浓度。

（3）制备 NaOH 的饱和溶液（50％）。由于浓碱中 $Na_2CO_3$ 几乎不溶解，待 $Na_2CO_3$ 下沉后，吸取上层清液，稀释至所需浓度。稀释用水需要将蒸馏水煮沸数分钟，再冷却。

3. 将蒸馏水煮沸数分钟，冷却，即可以制得无 $CO_2$ 蒸馏水。

**【思考题】**

1. 为什么 HCl 和 NaOH 标准溶液都不能用直接法配制？

2. 配制盐酸标准溶液时采用什么量器量取浓盐酸？为什么？

3. 配制氢氧化钠标准溶液时用什么容器称取固体氢氧化钠？可否用纸做容器称取固体氢氧化钠？为什么？

4. 滴定管在读数时，应如何操作？如何记录读数？

5. 在做完第一次比较实验时，滴定管中的溶液已差不多用去一半，问做第二次滴定时继续用剩余的溶液好，还是将滴定管中的标准溶液添加至零刻度附近再滴定为好？请说明原因。

6. 既然酸、碱标准溶液都是间接配制的，那么在滴定分析中所使用的滴定管、移液管为什么需要用操作液润洗几次？锥形瓶和烧杯是否也需要用操作液润洗？为什么？

**【e 网链接】**

1. http：//www. docin. com/p-6552944. html

2. http：//www. doc88. com/p-954296885189. html

3. http：//chemexp. tju. edu. cn/syjx/web/zs/51. htm

## 实验4　NaOH 标准溶液的配制与标定

【实验目的与要求】

1. 掌握 NaOH 标准溶液的配制方法和标定原理及操作方法;
2. 进一步熟练碱式滴定管的使用技术;
3. 掌握酚酞指示剂的滴定终点的判断。

【实验原理】

NaOH 容易吸收空气中的 $CO_2$ 并有有很强的吸水性,另外市售 NaOH 中常含有 $Na_2CO_3$。因此难以获得高纯度的氢氧化钠,故氢氧化钠标准溶液不能用直接法配制,必须采用间接法配制。

标定碱溶液的基准物质很多,常用的有草酸 $(H_2C_2O_4 \cdot 2H_2O)$、邻苯二甲酸氢钾 $(C_6H_4COOHCOOK,简写 KHP)$ 等。

邻苯二甲酸氢钾,容易制得纯品,在空气中不吸水,容易保存,摩尔质量较大,是一种较好的基准物质。滴定反应如下:

化学计量点时由于强碱弱酸盐的水解,溶液呈弱碱性,可采用酚酞作为指示剂。

草酸 $(H_2C_2O_4 \cdot 2H_2O)$ 在相对湿度为 5%～95% 时不会风化失水,故将其保存在磨口玻璃瓶中即可,固体草酸状态比较稳定,但草酸溶液的稳定性较差,空气能使 $H_2C_2O_4$ 慢慢氧化,光和 $Mn^{2+}$ 能催化其氧化,因此草酸溶液应置于暗处存放。标定反应为:

$$2NaOH + H_2C_2O_4 \xrightarrow{\hspace{1cm}} Na_2C_2O_4 + 2H_2O$$

当反应达到化学计量点时,由于强碱弱酸盐的水解,溶液呈弱碱性,可采用酚酞作为指示剂。

【仪器、试剂与材料】

1. 仪器:电子天平,称量瓶,滴定管 (50mL),容量瓶 (250mL),移液管 (25mL),烧杯 (100mL、250mL、500mL),锥形瓶 (250mL),量筒 (10mL、50mL),洗耳球,玻璃棒,洗瓶,铁架台,滴定管夹等。

2. 试剂和材料:邻苯二甲酸氢钾 (基准试剂),氢氧化钠固体 (分析纯),$2g \cdot L^{-1}$ 酚酞指示剂（0.2g 酚酞溶于适量乙醇中，再稀释至 100mL）。

**【实验步骤】**

1. 0.1mol·L⁻¹ NaOH 标准溶液的配制

用小烧杯在台秤上称取 120g 固体 NaOH，加 100mL 水，振摇使之溶解成饱和溶液，冷却后注入聚乙烯塑料瓶中，贴标签，密闭，放置数日，澄清后备用。

准确吸取上述溶液的上层清液 5.6mL 到 1000mL 无二氧化碳的蒸馏水中，摇匀，贴上标签。

2. 0.1mol·L⁻¹ NaOH 标准溶液的标定

将干燥后基准物质邻苯二甲酸氢钾加入干燥的称量瓶内，用减量法准确称取邻苯二甲酸氢钾 0.4～0.5g，置于 250mL 锥形瓶中（不要用玻璃棒搅拌），加 25mL 除去 $CO_2$ 的蒸馏水，温热使之溶解，冷却，加酚酞指示剂 1～2 滴，用待标定的 0.1mol·L⁻¹ NaOH 溶液滴定，直到溶液呈现粉红色，半分钟不褪色。平行测定 3 次，计算 NaOH 溶液的准确浓度和相对平均偏差。要求相对平均偏差不大于 0.2%。

**【实验结果与数据处理】**

NaOH 标准溶液的标定的实验数据如下。

| 项目 | | 1 | 2 | 3 |
|---|---|---|---|---|
| 邻苯二甲酸氢钾/g | | | | |
| NaOH 溶液体积/mL | 终读数 | | | |
| | 始读数 | | | |
| | 消耗体积 | | | |
| $c_{NaOH}$/mol·L⁻¹ | | | | |
| $\bar{c}_{NaOH}$/mol·L⁻¹ | | | | |
| 相对平均偏差/% | | | | |

计算公式：

$$c_{NaOH} = \frac{1000 m_{KHP}}{M_{KHP} V_{NaOH}}$$

**【实验注意事项】**

1. 称量邻苯二甲酸氢钾时，要对所用锥形瓶进行编号（以后称量同）。

2. 邻苯二甲酸氢钾通常在 105～110℃下干燥 2h 后备用，若干燥温度过高，则脱水成为邻苯二甲酸酐。

3. NaOH 饱和溶液侵蚀性很强，长期保存最好用聚乙烯塑料化学试剂瓶贮存（用一般的饮料瓶会因被腐蚀而瓶底脱落）。在一般情况下，可用玻璃瓶贮存，但必须用橡皮塞，若用玻璃塞瓶口易被碱腐蚀而粘住。

4. 平行测定时，每次滴定均从 0.00mL 开始，减少因滴定管刻度不准确而引起的滴定体积误差。

5. 滴定时应不断振摇锥形瓶，但是滴定时间不能太久，以免空气中 $CO_2$ 进入溶液而引起误差。

6. 微红色不可太深，只要能确定为微红色即可。

7. 一般要求滴定分析实验结果的相对平均偏差不大于 0.2%。若 3 次平行实验的相对平均偏差过大，应找出原因并且需要重新测定。滴定过程中有明显过错（如滴漏、有气泡、滴定过量等）的测定数据应该去除，不参与平均值的计算。

**【思考题】**

1. 配制标准碱溶液时，用托盘天平称取固体 NaOH 是否会影响浓度的准确度？

2. 配制好的 NaOH 溶液应该如何保存？

3. 如果基准物质未烘干，使标定结果偏高还是偏低？

4. 如果用 $H_2C_2O_4 \cdot 2H_2O$ 标定时，该如何操作？

**【e 网链接】**

1. http：//www.docin.com/p-305571525.html

2. http：//www.doc88.com/p-373148864765.html

3. http：//yujing0828.blog.163.com/blog/static/153613620095 1621510790/

# 实验 5  有机酸含量的测定

**【实验目的与要求】**

1. 学习强碱滴定弱酸的基本原理；

2. 学会正确地选用酸碱指示剂；

3. 规范数据记录与数据处理。

**【实验原理】**

大多数有机酸是固体弱酸，如酒石酸（$pK_{a_1} = 2.85$，$pK_{a_2} = 4.34$）、草酸（$pK_{a_1} = 1.23$，$pK_{a_2} = 4.19$）、柠檬酸（$pK_{a_1} = 3.15$，$pK_{a_2} = 4.77$，$pK_{a_3} = 6.39$）等。如果有机酸易溶于水，解离常数 $K_a \gg 10^{-7}$，用碱标准溶液可直接测其含量，反应产物为强碱弱酸盐。由于滴定突跃范围在弱碱性范围内，可选用酚酞指示剂，滴定溶液由无色变为微红色（半分钟不褪色）即为终点。

当有机酸为多元酸时，应先判断多元酸与 NaOH 之间的反应的化学计量关系。

例如：草酸（$pK_{a_1} = 1.23$，$pK_{a_2} = 4.19$），$c_1 K_{a_1} > 10^{-8}$，$c_2 K_{a_2} > 10^{-8}$，并且 $c_1 K_{a_1} / (c_2 K_{a_2}) < 10^5$，因此相邻两级酸不能分步滴定。NaOH 滴定草酸的反应方程式为：

$$\underset{\text{COOH}}{\overset{\text{COOH}}{|}} + 2NaOH = \underset{\text{COONa}}{\overset{\text{COONa}}{|}} + 2H_2O$$

对于柠檬酸（$pK_{a_1} = 3.15$，$pK_{a_2} = 4.77$，$pK_{a_3} = 6.39$），$c_1 K_{a_1} > 10^{-8}$，$c_2 K_{a_2} > 10^{-8}$，$c_3 K_{a_3} > 10^{-8}$ 并且 $c_1 K_{a_1} / (c_2 K_{a_2}) < 10^5$，$c_2 K_{a_2} / (c_3 K_{a_3}) < 10^5$，因此相邻三级酸不能分步滴定。NaOH 滴定柠檬酸的反应方程式为：

$$HO - \underset{\underset{\text{CH}_2\text{COOH}}{|}}{\overset{\overset{\text{CH}_2\text{COOH}}{|}}{C}} - COOH + 3NaOH = HO - \underset{\underset{\text{CH}_2\text{COONa}}{|}}{\overset{\overset{\text{CH}_2\text{COONa}}{|}}{C}} - COONa + 3H_2O$$

然后根据 NaOH 标准溶液的浓度 $c$ 和消耗的体积 $V$ 计算该有机酸的含量。

## 【仪器、试剂与材料】

1. 仪器：电子天平，称量瓶，滴定管（50mL），容量瓶（250mL），移液管（25mL），烧杯（100mL、250mL、500mL），锥形瓶（250mL），量筒（10mL、50mL），洗耳球，玻璃棒，洗瓶，铁架台，滴定管夹，恒温水浴锅等。

2. 试剂和材料：草酸（基准物质），酚酞指示剂（2g·L$^{-1}$乙醇溶液），NaOH（分析纯），柠檬酸试样。

## 【实验步骤】

1. 0.1mol·L$^{-1}$ NaOH 标准溶液的配制与标定

在台秤上用小烧杯称取 5～6gNaOH 固体，用新煮沸并冷却了的蒸馏水迅速冲洗 2～3次，以除去固体表面的少量 Na$_2$CO$_3$，溶解并稀释至 1L。

用差减法准确称取基准物质草酸（H$_2$C$_2$O$_4$·2H$_2$O）3 份，每份 0.1～0.2g，分别放入 250mL 锥形瓶中，加入 25mL 新煮沸后冷却了的蒸馏水，加入 2 滴酚酞指示剂，用 NaOH 滴定至出现微红色（30s 不褪色）即为滴定终点。记下 NaOH 用量，计算 NaOH 溶液的准确浓度和相对平均偏差。

2. 有机酸试样的测定

准确称取柠檬酸样品 1.3～1.5g，置于小烧杯中，加入适量水溶解。然后定量转入 250mL 容量瓶中，用水稀释至刻度，摇匀，贴标签。

用移液管取柠檬酸酸溶液 25.00mL，加酚酞指示剂 1～2 滴，用 0.1mol·L$^{-1}$ NaOH 标准溶液滴定至溶液呈微红色，30s 不褪色，即为终点。记下 NaOH 用量，平行测定 3 份，计算柠檬酸试样中柠檬酸的含量和相对平均偏差。

## 【实验结果与数据处理】

1. 草酸晶体标定 NaOH 溶液的相关数据

| 项目 | | 1 | 2 | 3 |
|---|---|---|---|---|
| 草酸/g | | | | |
| NaOH 溶液体积/mL | 终读数 | | | |
| | 始读数 | | | |
| | 消耗体积 | | | |
| $c_{NaOH}$/mol·L$^{-1}$ | | | | |
| $\bar{c}_{NaOH}$/mol·L$^{-1}$ | | | | |
| 相对平均偏差/% | | | | |

计算公式：

$$c_{NaOH} = \frac{2000 m_{H_2C_2O_4·2H_2O}}{M_{H_2C_2O_4·2H_2O} V_{NaOH}}$$

2. NaOH 标准溶液测定柠檬酸含量的相关数据

| 项目 | 1 | 2 | 3 |
|---|---|---|---|
| 柠檬酸/g | | | |
| 移取柠檬酸体积/mL | | | |

续表

| 项目 | | 1 | 2 | 3 |
|---|---|---|---|---|
| NaOH 溶液<br>体积/mL | 终读数 | | | |
| | 始读数 | | | |
| | 消耗体积 | | | |
| $w_{柠檬酸}$/% | | | | |
| $\overline{w}_{柠檬酸}$/% | | | | |
| 相对平均偏差/% | | | | |

计算公式：

$$w_{柠檬酸} = \frac{\frac{1}{3}c_{NaOH}V_{NaOH} \times 10^{-3}M_{柠檬酸}}{m_{柠檬酸试样} \times \frac{25.00}{250.00}} \times 100\%$$

### 【实验注意事项】

1. 配制柠檬酸试样溶液时，可用温水浴使其溶解。

2. 碱式滴定管使用前要赶走胶皮管中气泡。滴定过程中注意不要捏玻璃珠以下的乳胶管，以免形成气泡而产生大的误差。

### 【思考题】

1. $Na_2C_2O_4$ 能否作为酸碱滴定的基准物质？为什么？

2. 如果已标定好的 NaOH 标准溶液在保存过程中吸收了空气中的 $CO_2$，用该溶液滴定 HCl 溶液时，以酚酞为指示剂，对标定结果 HCl 溶液有何影响？若改用甲基橙指示剂，情况如何？

### 【e 网链接】

1. http：//hxsf. yctc. edu. cn/experiment/analysis/ea02. htm

2. http：//www. docin. com/p-593422292. html

# 实验 6  盐酸标准溶液的配制与标定

### 【实验目的与要求】

1. 进一步熟练酸碱滴定的操作技能；

2. 掌握用无水碳酸钠作基准物质标定盐酸溶液的原理和方法；

3. 正确判断甲基橙指示剂的滴定终点。

### 【实验原理】

市售浓盐酸为无色透明的 HCl 水溶液，HCl 质量分数为 $36\% \sim 38\%$（相对密度约为 1.18。）由于浓盐酸易挥发放出 HCl 气体，直接配制准确度差，因此配制盐酸标准溶液时需用间接法配制，即先配成近似浓度，再标定其准确浓度。

标定盐酸的基准物质常用无水碳酸钠和硼砂。

无水碳酸钠作为基准物质的主要优点是易提纯，价格便宜，但其摩尔质量较小。由于 $Na_2CO_3$ 易吸收空气中的水分，因此用前应在 270℃ 左右干燥，然后密封于瓶内，保存于干燥器中备用。称量时，动作要快，以免吸收空气中的水分而引入误差。

用 $Na_2CO_3$ 标定 HCl 溶液时，反应方程式为：

$$2HCl + Na_2CO_3 =\!\!=\!\!= 2NaCl + H_2O + CO_2 \uparrow$$

化学计量点为 $H_2CO_3$ 饱和溶液，pH 约为 3.9，用甲基橙指示终点，由黄色变为橙色即为终点。

反应本身由于产生 $H_2CO_3$ 会使滴定突跃不明显，致使指示剂颜色变化不够敏锐，因此，在接近滴定终点之前，最好把溶液加热煮沸，并摇动以赶走 $CO_2$，冷却后再滴定。

硼砂（$Na_2B_4O_7 \cdot 10H_2O$）作为基准物质的优点是：容易制得纯品、不易吸水、由于称量而造成的误差较小。但当空气中相对湿度小于 39% 时，容易失去结晶水，因此应把它保存在相对湿度为 60% 的恒湿器中。硼砂基准物的标定反应为：

$$Na_2B_4O_7 + 2HCl + 5H_2O =\!\!=\!\!= 4H_3BO_3 + 2NaCl$$

以甲基红指示终点，由黄色刚变为橙色即为终点，变色明显。

【仪器、试剂与材料】

1. 仪器：电子天平，称量瓶，滴定管（50mL），容量瓶（250mL），移液管（25mL），烧杯（100mL、250mL、500mL），锥形瓶（250mL），量筒（10mL、50mL），洗耳球，玻璃棒，洗瓶，铁架台，滴定管夹等。

2. 试剂和材料：浓盐酸（分析纯），无水碳酸钠（基准物质），甲基橙（0.1% 的水溶液）。

【实验步骤】

1. 盐酸溶液（$0.1mol \cdot L^{-1}$）的配制

用量筒取浓盐酸 4.5mL，加水稀释至 500mL 混匀，倒入试剂瓶中，密塞，摇匀，贴上标签，即可。

2. 盐酸溶液（$0.1mol \cdot L^{-1}$）的标定（无水碳酸钠为基准物质）

递减质量称量法在分析天平上称取在 270～300℃ 干燥至恒重的基准物无水碳酸钠 1.0～1.2g 于小烧杯中，加入适量水溶解。然后定量地转入 250mL 容量瓶中，用水稀释至刻度，摇匀。

用移液管取碳酸钠溶液 25.00mL，加甲基橙指示剂 1～2 滴，用 HCl 溶液滴定至溶液由黄色刚变为橙色，即为终点。记下所消耗 HCl 的体积。平行测定 3 份，计算盐酸溶液的准确浓度，其相对平均偏差不得大于 0.2%。

【实验结果与数据处理】

无水碳酸钠标定 HCl 的相关数据如下。

| 项目 | 1 | 2 | 3 |
| --- | --- | --- | --- |
| 碳酸钠/g | | | |
| 移取碳酸钠溶液体积/mL | | | |

续表

| 项目 | | 1 | 2 | 3 |
|---|---|---|---|---|
| HCl 溶液<br>体积/mL | 终读数 | | | |
| | 始读数 | | | |
| | 消耗体积 | | | |
| $c_{HCl}$/mol·L$^{-1}$ | | | | |
| $\bar{c}_{HCl}$/mol·L$^{-1}$ | | | | |
| 相对平均偏差/% | | | | |

计算公式为：

$$c_{HCl} = \frac{200 m_{Na_2CO_3}}{M_{Na_2CO_3} V_{HCl}}$$

**【注意事项】**

1. 检查旋塞转动是否灵活，是否漏水。若漏水，需要涂油。涂油时，应先擦干旋塞和旋塞槽内的水，再按正确的方法涂上少许凡士林。

2. 将操作溶液倒入滴定管之前，应将其摇匀，直接倒入滴定管中，不得借用任何别的器皿，以免标准溶液浓度改变或造成污染。

3. 移液管、容量瓶量取溶液体积的写法：如 25.00mL、250.00mL。

4. 体积读数要读至小数点后 2 位，滴定时不要成流水线，近终点时，半滴操作（一悬二靠三冲洗）。

**【思考题】**

1. 如何计算称取 $Na_2CO_3$ 的质量范围？称得太多或太少对标定结果有何影响？

2. 溶解基准物时加入 20~30mL 水，是用量筒量取，还是用移液管移取？为什么？

3. 用基准物质 $Na_2CO_3$ 标定 HCl 溶液时，下列情况会对 HCl 的浓度产生何种影响（偏高、偏低或没有影响）？

(1) 称取 $Na_2CO_3$ 时，实际质量为 1.0864g，记录时误记录成 1.0854g；

(2) 滴定速度太快，附在滴定管壁的 HCl 来不及留下来就读取滴定体积；

(3) 在 HCl 标准溶液装入滴定管之前，未用 HCl 标准溶液润洗滴定管；

(4) 滴定管旋塞漏出 HCl 标准溶液；

(5) 滴定之前，忘记调节零点。

**【e 网链接】**

1. http：//www.doc88.com/p-883680261523.html

2. http：//www.czkjj.gov.cn/Item.aspx? id＝3307

3. http：//blog.sina.com.cn/s/blog _ 7a5b684e0100spqj.html

4. http：//www.56.com/redian/ODcyNjIw/MjAxNjQ2Njc.html

# 实验 7　混合碱含量的测定

## 【实验目的与要求】

1. 了解多元弱碱滴定过程中溶液 pH 值的变化及指示剂的选择；
2. 掌握双指示剂法测定混合碱各组分的原理和方法；
3. 比较用双指示剂法测定混合碱各组分的优缺点。

## 【实验原理】

混合碱系指 NaOH 和 $Na_2CO_3$ 或 $Na_2CO_3$ 和 $NaHCO_3$ 等类似的混合物，可采用双指示剂法进行分析，并测定各组分的含量。

若混合碱是由 NaOH 和 $Na_2CO_3$ 组成，先以酚酞作指示剂，用 HCl 标准溶液滴至溶液略带粉色，这时 NaOH 全部被滴定，而 $Na_2CO_3$ 只被滴到 $NaHCO_3$，此时为第一终点，记下用去 HCl 溶液的体积 $V_1$。过程的反应如下。

酚酞变色时：

$$OH^- + H^+ \!\!=\!\!= H_2O \qquad CO_3^{2-} + H^+ \!\!=\!\!= HCO_3^-$$

然后加入甲基橙指示剂，用 HCl 继续滴至溶液由黄色变为橙色，此时 $NaHCO_3$ 被滴至 $H_2CO_3$，记下用去的 HCl 溶液的体积为 $V_2$，此时为第二终点。显然 $V_2$ 是滴定 $NaHCO_3$ 所消耗的 HCl 溶液体积，而 $Na_2CO_3$ 被滴到 $NaHCO_3$ 和 $NaHCO_3$ 被滴定到 $H_2CO_3$ 所消耗的 HCl 体积是相等的。

甲基橙变色时：

$$HCO_3^- + H^+ \!\!=\!\!= H_2CO_3 \ (CO_2 + H_2O)$$

由反应式可知：$V_1 > V_2$，且 $Na_2CO_3$ 消耗 HCl 标准溶液的体积为 $2V_2$，NaOH 消耗 HCl 标准溶液的体积为 $(V_1 - V_2)$，据此可求得混合碱中 NaOH 和 $Na_2CO_3$ 的含量。

若混合碱系 $Na_2CO_3$ 和 $NaHCO_3$ 的混合物，以上述同样方法进行测定，则 $V_2 > V_1$，且 $Na_2CO_3$ 消耗 HCl 标准溶液的体积为 $2V_1$，$NaHCO_3$ 消耗 HCl 标准溶液的体积为 $(V_2 - V_1)$。

由以上讨论可知，若混合碱系由未知试样组成，则可根据 $V_1$ 与 $V_2$ 的数据，确定混合碱的组成，并计算出各组分的含量。假设混合碱的体积为 $V$（mL）。

当 $V_1 > V_2$ 时

$$\rho_{NaOH} \ (g \cdot L^{-1}) = \frac{(V_1 - V_2) c_{HCl} M_{NaOH}}{V}$$

$$\rho_{Na_2CO_3} \ (g \cdot L^{-1}) = \frac{V_2 c_{HCl} M_{Na_2CO_3}}{V}$$

当 $V_1 < V_2$ 时

$$\rho_{Na_2CO_3} \ (g \cdot L^{-1}) = \frac{V_1 c_{HCl} M_{Na_2CO_3}}{V}$$

$$\rho_{NaHCO_3} \ (g \cdot L^{-1}) = \frac{(V_2 - V_1) c_{HCl} M_{NaHCO_3}}{V}$$

## 【仪器、试剂与材料】

1. 仪器：电子天平，称量瓶，滴定管（50mL），容量瓶（250mL），移液管（25mL），烧杯（100mL、250mL、500mL），锥形瓶（250mL），量筒（10mL、50mL），洗耳球，玻

璃棒，洗瓶，铁架台，滴定管夹等。

2. 试剂和材料：$0.1000mol \cdot L^{-1}$ HCl 标准溶液，无水碳酸钠（基准物质），0.2%酚酞指示剂，0.1%甲基橙指示剂，混合碱试样溶液。

### 【实验步骤】

1. HCl 标准溶液的配制与标定

用量筒取浓盐酸 4.5mL，加水稀释至 500mL 混匀，倒入试剂瓶中，密塞，摇匀，贴上标签，即可。

标定请参考见实验 5 或按以下方法标定：用递减法在分析天平上准确称取 $0.4 \sim 0.5g$ $Na_2B_4O_7 \cdot 10H_2O$ 于 250mL 锥形瓶中，加入 50mL 蒸馏水，加入 2 滴甲基红溶液，用 HCl 标准溶液滴定至黄色变为橙色即为终点。平行测定 3 次，记下每次所消耗的 HCl 溶液的体积，计算 HCl 溶液的准确浓度。

2. 准确移取 25.00mL 的试液于 250mL 锥形瓶中，加 2 滴酚酞指示剂，用 HCl 标准溶液滴至溶液略带粉色终点，记下用去 HCl 溶液的体积 $V_1$；再加入 2 滴甲基橙指示剂，用 HCl 继续滴至溶液由黄色变为橙色，用去的 HCl 溶液的体积为 $V_2$。重复测定 $2 \sim 3$ 次，其相对偏差应在 0.5% 以内。

根据消耗 HCl 标准溶液的体积 $V_1$ 与 $V_2$ 的关系，确定混合碱的组成，并计算出各组分的含量。

### 【实验结果与数据处理】

1. 硼砂标定 HCl 溶液的相关数据

| 项目 | | 1 | 2 | 3 |
|---|---|---|---|---|
| 硼砂/g | | | | |
| HCl 溶液<br>体积/mL | 终读数 | | | |
| | 始读数 | | | |
| | 消耗体积 | | | |
| $c_{HCl}$/mol·L$^{-1}$ | | | | |
| $\bar{c}_{HCl}$/mol·L$^{-1}$ | | | | |
| 相对平均偏差/% | | | | |

计算公式：
$$c_{HCl} = \frac{2000 m_{硼砂}}{M_{硼砂} V_{HCl}}$$

2. HCl 标准溶液测定混合碱含量的相关数据

| 项目 | 1 | 2 | 3 |
|---|---|---|---|
| 移取混合碱体积 $V_{试液}$/mL | | | |
| $V_1$/mL | | | |
| $V_2$/mL | | | |
| $w_{Na_2CO_3}$/g·L$^{-1}$ | | | |
| $w_{NaHCO_3}$/g·L$^{-1}$ | | | |
| $\bar{w}_{Na_2CO_3}$/g·L$^{-1}$ | | 相对平均偏差/% | |
| $\bar{w}_{NaHCO_3}$/g·L$^{-1}$ | | 相对平均偏差/% | |

**【实验注意事项】**

1. 混合碱是由 NaOH 和 $Na_2CO_3$ 组成时，酚酞指示剂可适量多加几滴，否则常常因滴定不完全而使 NaOH 的测定结果偏低，$Na_2CO_3$ 的结果偏高。

2. 用酚酞作指示剂时，摇动要均匀，滴定要慢些，否则溶液中 HCl 局部过量，会与溶液中的 $NaHCO_3$ 发生反应，产生 $CO_2$，带来滴定误差。但滴定也不能太慢，以免溶液吸收空气中的 $CO_2$。

3. 用甲基橙作指示剂时，因 $CO_2$ 易形成过饱和溶液，酸度增大，使终点过早出现，所以在滴定接近终点时，应剧烈地摇动溶液或加热，以除去过量的 $CO_2$，待冷却后再滴定。

**【思考题】**

1. 此实验，第一个化学计量点溶液的 pH 值如何计算？用酚酞作指示剂变色不锐敏，为避免这个问题，还可选用什么指示剂？

2. 测定混合碱（可能有 NaOH、$Na_2CO_3$、$NaHCO_3$），判断下列情况下，混合碱中存在的成分是什么？

| 关 系 | 组 成 |
|---|---|
| $V_1 > V_2$ | |
| $V_1 < V_2$ | |
| $V_1 = V_2$ | |
| $V_1 = 0, V_2 > 0$ | |
| $V_1 > 0, V_2 = 0$ | |

3. $NaHCO_3$ 水溶液的 pH 值与其浓度有无关系？

4. 此实验滴定到第二个终点时应注意什么问题？

5. 有一碱液，可能为 NaOH 或 $NaHCO_3$ 或共存物质的混合液。用标准溶液滴定至酚酞终点时，耗去酸的体积为 $V_1$（mL），继以甲基橙为指示剂滴定至终点时又耗去酸的体积为 $V_2$（mL），根据 $V_1$ 与 $V_2$ 的关系判断该碱液的组成。

| 关 系 | 组 成 |
|---|---|
| $V_1 > V_2$ | |
| $V_1 < V_2$ | |
| $V_1 = V_2$ | |
| $V_1 = 0, V_2 > 0$ | |
| $V_1 > 0, V_2 = 0$ | |

6. 有一磷酸盐试液，用一标准酸溶液滴定至酚酞终点，耗用酸溶液的体积为 $V_1$（mL），继以甲基橙为指示剂滴定至终点时又耗去酸溶液的体积为 $V_2$（mL）。根据 $V_1$ 与 $V_2$ 的关系判断试液的组成。

| 关 系 | 组 成 |
|---|---|
| $V_1 = V_2$ | |
| $V_1 < V_2$ | |
| $V_1 = 0, V_2 > 0$ | |
| $V_1 > 0, V_2 = 0$ | |

【e网链接】

1. http：//www. docin. com/p-43774597. html

2. http：//www. doc88. com/p-20729684218. html

3. http：//www. doc88. com/p-942526796110. html

4. http：//unit. cug. edu. cn/2006syjxpb/clhx/wsyx/fxhxsy/fxsy08. asp

# 实验8 工业纯碱中总碱度的测定

## 【实验目的与要求】

1. 掌握 HCl 标准溶液的标定方法；
2. 了解基准物质碳酸钠的性质及应用；
3. 掌握强酸滴定二元弱碱的滴定过程及指示剂选择的原则；
4. 学习定量转移的基本操作。

## 【实验原理】

工业碳酸钠俗称纯碱或苏打，其中可能含有少量 NaCl、$Na_2SO_4$、NaOH 或 $NaHCO_3$ 等成分。用酸滴定时，除主要成分 $Na_2CO_3$ 被中和外，其他碱性杂质如 NaOH 或 $NaHCO_3$ 等也被中和，所以称为总碱度的测定。

生产中常用 HCl 标准溶液测定总碱度来衡量产品的质量。滴定反应为：

$$Na_2CO_3 + 2HCl \xlongequal{} 2NaCl + H_2O + CO_2\uparrow$$

化学计量点：pH 为 3.8～3.9，可选指示剂为甲基橙，用 HCl 溶液滴定，溶液由黄色变为橙色即为终点。此时，试样中的 $NaHCO_3$ 也被中和。

## 【仪器、试剂与材料】

1. 仪器：电子天平，称量瓶，滴定管（50mL），容量瓶（250mL），移液管（25mL），烧杯（100mL、250mL、500mL），锥形瓶（250mL），量筒（10mL、50mL），洗耳球，玻璃棒，洗瓶，铁架台，滴定管夹等。

2. 试剂和材料：无水 $Na_2CO_3$（基准物质，270℃干燥 2～3h，置于干燥器中备用），HCl 溶液（0.1$mol \cdot L^{-1}$），甲基橙指示剂（1$g \cdot L^{-1}$），工业纯碱试样。

## 【实验步骤】

1. 0.1$mol \cdot L^{-1}$HCI 溶液的标定

用差减法准确称取 0.15～0.20g 无水 $Na_2CO_3$ 3 份（称样时，称量瓶要带盖），分别放在 250mL 锥形瓶内，加水 20～30mL 溶解，加甲基橙指示剂 1～2 滴，然后用盐酸溶液滴定至溶液由黄色变为橙色，即为终点。由 $Na_2CO_3$ 的质量及实际消耗的盐酸体积，计算 HCl 溶液的准确浓度和测定结果的相对平均偏差。

2. 工业纯碱中总碱度的测定

准确称取 2g 左右试样于小烧杯中，用适量蒸馏水溶解（必要时，可稍加热以促进溶解，然后冷却），定量转移至 250mL 容量瓶中，用蒸馏水稀释至刻度，摇匀。用移液管移取 25.00mL 试液于锥形瓶中，加水 20mL，加甲基橙指示剂 1～2 滴，用 0.1$mol \cdot L^{-1}$ 的 HCl

标准溶液滴定至溶液恰变为橙色，即为终点。记录滴定所消耗的 HCl 溶液的体积，平行做 3 次。以 $Na_2O$ 或 $Na_2CO_3$ 的含量表示工业纯碱的总碱度。

**【实验结果与数据处理】**

1. $0.1mol \cdot L^{-1}$ HCl 溶液的标定的相关数据

| 项目 | | 1 | 2 | 3 |
|---|---|---|---|---|
| 无水 $Na_2CO_3$ 的质量/g | | | | |
| HCl 溶液的体积/mL | 始读数 | | | |
| | 终读数 | | | |
| | 消耗体积 | | | |
| $c_{HCl}$/mol·L$^{-1}$ | | | | |
| $\bar{c}_{HCl}$/mol·L$^{-1}$ | | | | |
| 相对平均偏差/% | | | | |

计算公式：

$$c_{HCl} = \frac{2000 m_{Na_2CO_3}}{M_{Na_2CO_3} V_{HCl}}$$

2. 工业纯碱中总碱度的测定的相关数据

| 项目 | | 1 | 2 | 3 |
|---|---|---|---|---|
| 工业纯碱试样的质量/g | | | | |
| HCl 溶液的体积/mL | 始读数 | | | |
| | 终读数 | | | |
| | 消耗体积 | | | |
| $w_{Na_2CO_3}$/% | | | | |
| $\bar{w}_{Na_2CO_3}$/% | | | | |
| 相对平均偏差/% | | | | |

计算公式：

$$w_{Na_2CO_3} = \frac{c_{HCl} V_{HCl} M_{Na_2CO_3}}{2000 m_s \times \dfrac{25.00}{250.00}} \times 100\%$$

式中，$m_s$ 为工业纯碱试样的质量，g。

**【实验注意事项】**

1. 用移液管移取试液时一定要准确。

2. 3 次平行滴定，滴定管的初读数最好在 "0.00mL" 或接近 "0.00mL" 的任一刻度开始。

3. 要注意终点颜色的判断，避免滴定过量。

**【思考题】**

1. 无水 $Na_2CO_3$ 保存不当，吸收了 1% 的水分，用此基准物质标定盐酸溶液的浓度时，对其结果产生何种影响？

2. HCl 标准溶液能否用直接法配制？

3. 为什么选用甲基橙做指示剂？终点为何颜色？

4. 标定盐酸的两种基准物质无水 $Na_2CO_3$ 和硼砂，各有什么优缺点？

【e网链接】

1. http://wenku.baidu.com/view/dbd76b4ff7ec4afe04a1df12.html

2. http://wenku.baidu.com/view/247c60c789eb172ded63b752.html

3. http://wenku.baidu.com/view/8dff4a1655270722192ef7f9.html

# 实验9 食用醋中总酸度的测定

## 【实验目的与要求】

1. 熟练掌握酸碱滴定的操作技术；

2. 掌握碱标准溶液的配制和标定方法，对基准物质的性质和应用有所了解；

3. 掌握食用醋总酸度的测定原理及方法；

4. 掌握指示剂的选择原则；

5. 了解强碱滴定弱酸滴定过程中 pH 值变化、滴定突跃及指示剂的选择。

## 【实验原理】

化学分析中的酸碱滴定是将已知准确浓度的溶液（称作标准溶液）滴加到待测定物质的溶液中，到标准溶液与待测溶液按一定的化学计量关系完全反应为止，然后根据标准溶液的消耗量和化学计量关系来计算待测组分的量，这种方法快速迅速，而且操作简单，因此非常适用于一般酸碱浓度的测定。

食用醋的主要成分是醋酸（HAc，含量为 3%～5%）和少量的其他有机弱酸等。用 NaOH 作标准溶液滴定食用醋时，滴定反应为：

$$NaOH + HAc =\!=\!= NaAc + H_2O$$
$$nNaOH + H_nA(有机弱酸) =\!=\!= Na_nA + nH_2O$$

本滴定反应类型为强碱滴定弱酸，产物是弱酸强碱盐，测定结果为食用醋中醋酸的总酸度，用 $\rho_{HAc}(g \cdot L^{-1})$ 表示。由于滴定突跃范围在碱性范围，故指示剂可选用酚酞、百里酚酞等，本实验选择酚酞作为滴定反应指示剂。

## 【仪器、试剂与材料】

1. 仪器：电子天平，碱式滴定管，试剂瓶，移液管，锥形瓶，烧杯，量筒，台秤。

2. 试剂和材料：NaOH 标准溶液（$0.1mol \cdot L^{-1}$），邻苯二甲酸氢钾（基准物质），酚酞指示剂（0.2%的乙醇溶液），食用醋。

## 【实验步骤】

1. NaOH 标准溶液（$0.1mol \cdot L^{-1}$）的配制和标定

用烧杯在台秤上称取固体 NaOH 4.3g 左右，加入煮沸除去 $CO_2$ 的蒸馏水少许，快速冲洗 NaOH 固体表面 2 遍，再加水溶解完全，转移到带有橡皮塞的试剂瓶中，加水稀释到 1L，充分摇匀。再按照前面实验 4 步骤对 NaOH 溶液的准确浓度进行标定。

2. 食用醋总酸度的测定

市售食用醋中醋酸含量一般在 3%～5% 之间，浓度较大，因此滴定时需要进行适当的稀释。可用移液管准确移取食用醋 10.00mL 于 100mL 容量瓶中，加水稀释到容量瓶刻度线，摇匀。用 25mL 移液管移取上述稀释好的食用醋试液 25mL 置于 250mL 锥形瓶中，加入 2 滴酚酞指示剂，用标定好的 NaOH 标准溶液进行滴定，至出现微红色在 30s 内不褪色即为终点。根据 NaOH 标准溶液的浓度和滴定时消耗的体积可计算食用醋中总酸量，用 $\rho_{HAc}(g \cdot L^{-1})$ 表示。平行测定 3 份。

### 【实验结果与数据处理】

1. 标定 NaOH 标准溶液浓度相关数据

| 项目 | | 1 | 2 | 3 |
|---|---|---|---|---|
| 邻苯二甲酸氢钾/g | | | | |
| NaOH 溶液体积/mL | 终读数 | | | |
| | 始读数 | | | |
| | 消耗体积 | | | |
| $c_{NaOH}$/mol·L$^{-1}$ | | | | |
| $\overline{c}_{NaOH}$/mol·L$^{-1}$ | | | | |
| 相对平均偏差/% | | | | |

计算公式：

$$c_{NaOH} = \frac{m_{KHP}}{M_{KHP} \dfrac{V_{NaOH}}{1000}}$$

2. 用 NaOH 标准溶液滴定食用醋相关数据

| 项目 | | 1 | 2 | 3 |
|---|---|---|---|---|
| NaOH 溶液体积/mL | 终读数 | | | |
| | 始读数 | | | |
| | 消耗体积 | | | |
| $\rho_{HAc}$/g·L$^{-1}$ | | | | |
| $\overline{\rho}_{HAc}$/g·L$^{-1}$ | | | | |
| 相对平均偏差/% | | | | |

计算公式：

$$\overline{\rho}_{HAc} = \frac{c_{NaOH} V_{NaOH} M_{HAc}}{25.00 \times \dfrac{10.00}{100.00}}$$

### 【实验注意事项】

1. 食用醋中醋酸的浓度较大，而且颜色较深，故必须稀释后再进行滴定分析。

2. 蒸馏水必须是新制备或者经煮沸除去 $CO_2$ 冷却后使用。

3. 碱式滴定管使用时要赶走胶皮管中气泡，滴定过程中也不要形成气泡，以免产生大的误差。

4. 指示剂用量不要太多，终点颜色只要微红色即可，但要待 30s 不褪色。

5. 标定溶液时，3 个锥形瓶要编号，以免弄错。

6. 利用计算式计算时，注意单位的统一。

【思考题】

1. 本实验误差产生的原因有哪些？
2. 标定 NaOH 溶液浓度的基准物质有哪些？标定时称取的基准物质量是否需要准确？
3. 本实验中如使用的蒸馏水中含有 $CO_2$，会引起什么后果？
4. 测定食用醋中的总酸量时，是否可以选甲基橙作为指示剂？
5. 碱式滴定管用蒸馏水洗涤干净后，没有用标准溶液润洗，直接加入 NaOH 标准溶液进行滴定操作，对最后结果有什么影响？

【e 网链接】

1. http：//www. doc88. com/p-294947351412. html
2. http：//www. chinadmd. com/file/rosucscpeatoc3w3pptsuceo _ 1. html
3. http：//ishare. iask. sina. com. cn/f/16246057. html

# 实验 10　铵盐中氮含量的测定(甲醛法)

【实验目的与要求】

1. 掌握甲醛法测定铵盐中氮含量的基本原理和方法；
2. 熟练掌握移液管、容量瓶和滴定管的使用方法和操作；
3. 学会用酸碱滴定法间接测定铵盐中的含氮量；
4. 掌握铵盐中氮含量的计算；
5. 掌握对试剂中的甲酸和试样中游离酸的去除方法。

【实验原理】

由于 $NH_3 \cdot H_2O$ 的 $K_b = 1.8 \times 10^{-5}$，其共轭酸 $NH_4^+$ 的 $K_a = 5.6 \times 10^{-10}$，所以铵盐的含氮量不能用碱标准溶液直接进行滴定，可以采用蒸馏法或甲醛法进行测定。常见的铵盐如硫酸铵、氯化铵、硝酸铵，它们都是强酸弱碱盐，均因为 $NH_4^+$ 的 $K_a < 10^{-8}$，故不能直接滴定，但可以采用间接滴定法进行滴定，在生产实践和实验室中，常常采用甲醛法来测定铵盐的含量。首先，甲醛与铵盐迅速反应，生成等物质的量的质子化的六亚甲基四胺盐 $(CH_2)_6N_4H^+$ 和 $H^+$，其反应式为：

$$4NH_4^+ + 6HCHO \Longrightarrow (CH_2)_6N_4H^+ + 3H^+ + 6H_2O$$

由于滴定突跃在弱碱性范围，故以酚酞为指示剂，用 NaOH 标准溶液对生成的酸进行滴定，当溶液出现微红色即到达终点。其反应式为：

$$(CH_2)_6N_4H^+ + 3H^+ + 4OH^- \Longrightarrow (CH_2)_6N_4 + 4H_2O$$

由上述反应式可见，$1mol\ NH_4^+$ 相当于 $1mol\ H^+$，因此 N 与 NaOH 的化学计量关系为 $1:1$，根据 NaOH 标准溶液的浓度和消耗的体积即可计算铵盐中的含氮量。

如果试样中含有游离酸，加入甲醛之前应先以甲基红为指示剂，滴加 NaOH 溶液中和至溶液出现红色。如用甲醛法测定有机化合物中的氮，则需要将样品进行预处理，使有机化合物中的氮转化为铵盐后再进行测定。

**【仪器、 试剂与材料】**

1. 仪器：碱式滴定管，移液管，容量瓶，锥形瓶，烧杯，试剂瓶，量筒，台秤，电子天平，干燥器，烘箱。

2. 试剂和材料：NaOH 标准溶液（0.1mol·L$^{-1}$）；酚酞指示剂（2g·L$^{-1}$）；60％的乙醇溶液；原瓶装甲醛（40％）；甲基红指示剂（2g·L$^{-1}$）；60％乙醇溶液或其钠盐的水溶液；邻苯二甲酸氢钾（基准试剂 100～125℃下干燥，置于干燥器中备用）。

铵盐样品：NH$_4$Cl 或（NH$_4$)$_2$SO$_4$。

**【实验步骤】**

1. NaOH 溶液的配制与标定

配制 0.1mol·L$^{-1}$ NaOH 500mL，再按照前面实验 4 步骤对 NaOH 溶液进行标定。

2. 甲醛溶液的预处理

甲醛中常含有微量甲酸，主要是甲醛受空气氧化所致，在使用前应将其除去，否则产生正误差。处理方法是：取原瓶装甲醛（40％）的上层清液于烧杯中，加水稀释 1 倍，加入 1～2 滴 0.2％的酚酞指示剂，用 0.1mol·L$^{-1}$ NaOH 溶液中和到甲醛溶液出现微红色即可。

3. 试样中含氮量的测定

准确称取 0.4～0.5g 的 NH$_4$Cl 或 1.6～1.8g 的（NH$_4$)$_2$SO$_4$ 于烧杯中，用适量蒸馏水溶解，然后定量地转移至 250mL 容量瓶中，最后用蒸馏水稀释至刻度，摇匀。用移液管移取试液 25mL 于锥形瓶中，加 1～2 滴甲基红指示剂，溶液呈红色，用 0.1mol·L$^{-1}$ NaOH 溶液中和至红色转为金黄色（pH≈6），然后加入 8mL 已中和好的 1∶1 甲醛溶液，再加入 1～2 滴酚酞指示剂充分摇匀后，静置 1min，使反应完全，最后用 0.1mol·L$^{-1}$ NaOH 标准溶液滴定至溶液至出现微红色持续半分钟不褪，即为终点，平行测定 3 份。根据 NaOH 标准溶液的浓度和滴定消耗的体积，计算铵盐试样中氮的含量。

**【实验结果与数据处理】**

1. 标定标准溶液浓度相关数据

| 项目 | | 1 | 2 | 3 |
|---|---|---|---|---|
| 邻苯二甲酸氢钾/g | | | | |
| NaOH 溶液体积/mL | 终读数 | | | |
| | 始读数 | | | |
| | 消耗体积 | | | |
| $c_{NaOH}$/mol·L$^{-1}$ | | | | |
| $\bar{c}_{NaOH}$/mol·L$^{-1}$ | | | | |
| 相对平均偏差/％ | | | | |

计算公式：

$$c_{NaOH} = \frac{m_{KHP}}{M_{KHP} \dfrac{V_{NaOH}}{1000}}$$

2. 用 NaOH 标准溶液滴定铵盐相关数据

| 称取铵盐的质量/g | | | | |
|---|---|---|---|---|
| 定容体积/mL | | | | |
| 平行实验 | | 1 | 2 | 3 |
| NaOH 溶液 体积/mL | 终读数 | | | |
| | 始读数 | | | |
| | 实际体积 | | | |
| $w_N$/% | | | | |
| $\overline{w}_N$/% | | | | |
| 相对平均偏差/% | | | | |

计算公式：

$$w_N = \frac{c_{NaOH}\dfrac{V_{NaOH}}{1000}M_N}{\dfrac{25.00}{250.00}\times m_s}\times 100\%$$

**【实验注意事项】**

1. 甲醛有毒，对眼睛有很大的刺激作用，故在取用甲醛溶液时一定要小心，不要让溶液进入眼睛。在实验过程中，取用甲醛后及时把瓶盖盖上，以免甲醛挥发到空气中；滴定后的溶液应及时倒入废液处理桶，并将锥形瓶等冲洗干净；另外如果甲醛溶液中有白色聚合状态物，则是多聚甲醛，是链状聚合体的混合物，这不影响分析测定结果。

2. 铵盐中含有的游离酸一定要事先中和除去，先加入甲基红指示剂，用 NaOH 溶液滴定至溶液呈橙色，然后再加入甲醛溶液进行测定。加入的甲基红指示剂的量不能多，因为该指示剂会使后面加入的酚酞指示剂的终点变色不敏锐，故如果试样中含有的游离酸的量很少时，则不需要预先用 NaOH 溶液中和。

3. 甲醛中常含有微量甲酸，应预先以酚酞为指示剂，用 NaOH 溶液中和至溶液呈淡红色，这里一定要控制好终点，否则会直接影响后面滴定体积的大小。

4. 试样中加入甲醛反应时，加入的量要适当，否则会影响实验效果。由于铵盐与甲醛在常温下反应较慢，因此加入甲醛后，常要放置 1~2min，使反应完全。

5. 滴定中途，锥形瓶内壁可能会挂有液滴，要将瓶壁上的溶液用少量蒸馏水冲洗下来，否则误差会增大。

6. 用 NaOH 标准溶液润洗滴定管时，应将试剂瓶中的 NaOH 溶液直接倒入滴定管进行润洗，不能将 NaOH 标准溶液先倒入烧杯中再加到滴定管中，这样会造成标准溶液浓度的变化。

**【思考题】**

1. 铵盐中氮的测定为何不采用 NaOH 溶液直接滴定？

2. 为什么中和甲醛试剂中的甲酸以酚酞作指示剂；而中和铵盐试样中的游离酸则以甲基红作指示剂？

3. 加入甲醛的作用是什么？

4. $NH_4NO_3$ 和 $NH_4HCO_3$ 中含氮量的测定，能否用甲醛法？

5. 如果 NaOH 溶液吸收了空气中的 $CO_2$，对本实验结果有什么影响？为什么？

【e 网链接】
1. http：//hxsf. yctc. edu. cn/experiment/analysis/ea04. htm
2. http：//lab2. mju. edu. cn/ReadNews. asp? NewsID＝197
3. http：//jpkc. uzz. edu. cn/fxhx/show/? id＝1882
4. http：//max. book118. com/htmL/2012/0329/1436724. shtm

# 实验 11　食品添加剂中硼酸含量的测定

## 【实验目的与要求】

1. 学习极弱酸的酸碱滴定；
2. 学习食品添加剂中硼酸含量的测定；
3. 熟练掌握滴定的操作技能。

## 【实验原理】

近年来的研究证明，硼可能也是动物和人的必需营养素，其证据涉及硼对矿物质和电介质、能量底物、氮、活性氧类等代谢以及红血球生成和血细胞生成的影响。

对于 $cK_a \leqslant 10^{-8}$ 的极弱酸，不能用碱标准溶液直接鉴定，但可采取措施使其强化，满足 $cK_a \geqslant 10^{-8}$，即可用 NaOH 标准溶液直接鉴定。

化学计量点时，溶液呈弱碱性，可选用酚酞作指示剂。

## 【仪器、 试剂与材料】

1. 仪器和材料：电子天平，称量瓶，滴定管（50mL），容量瓶（250mL），移液管（25mL），烧杯（100mL、250mL、500mL），锥形瓶（250mL），量筒（10mL、50mL），洗耳球，玻璃棒，洗瓶，铁架台，滴定管夹，干燥器，恒温水浴锅，研钵。

2. 试剂：食品添加剂，0.2%酚酞指示剂，0.2mol·L⁻¹ NaOH 标准溶液，1：2 稀中性甘油（取 1 份甘油、2 份水，加酚酞指示剂 2 滴用 0.2mol·L⁻¹ NaOH 滴定至粉红色）。

## 【实验步骤】

准确称取食品添加剂 0.25～0.40g，加入中性甘油溶液 25mL，加热使其溶解，冷却至室温后加入酚酞指示剂 2～3 滴，用 0.2mol·L⁻¹ NaOH 标准溶液滴定至溶液呈现微红色即为终点。平行测定 3 次，根据消耗氢氧化钠的体积计算食品添加剂中硼酸的含量。

**【实验结果与数据处理】**

测定硼酸含量的相关数据如下。

$$c_{NaOH} = \underline{\hspace{3cm}} \text{ mol} \cdot \text{L}^{-1}$$

| 项目 | | 1 | 2 | 3 |
|---|---|---|---|---|
| 食品添加剂/g | | | | |
| NaOH 溶液<br>体积/mL | 终读数 | | | |
| | 始读数 | | | |
| | 消耗体积 | | | |
| $w_{H_3BO_3}$/% | | | | |
| $\overline{w}_{H_3BO_3}$/% | | | | |
| 相对平均偏差/% | | | | |

计算公式:

$$w_{H_3BO_3} = \frac{c_{NaOH} V_{NaOH} \times 10^{-3} M_{H_3BO_3}}{m_s} \times 100\%$$

**【实验注意事项】**

1. 食品添加剂要用研钵充分碾碎。
2. 要求终点出现微红色,半分钟不褪色。
3. 为保证硼酸与甘油反应完全,应加入足量的甘油。

**【思考题】**

1. 硼酸的共轭碱是什么?可否用直接酸碱滴定法测定硼酸共轭碱的含量?
2. 用 NaOH 测定 $H_3BO_3$ 时,为什么要用酚酞作指示剂?
3. 极弱酸的测定有哪些方法?

**【e 网链接】**

1. http://www.docin.com/p-774520302.html
2. http://www.doc88.com/p-9592939413317.html
3. http://down.foodmate.net/standard/sort/3/16930.html
4. http://www.docin.com/p-99981611.html

# 实验 12  酸碱滴定自主设计实验

**【实验目的与要求】**

1. 综合运用酸碱滴定原理及实验知识分析问题和解决问题,初步培养学生的科学研究能力;
2. 培养学生查阅文献的能力,培养学生通过文献资料来解决实际问题的能力。

**【设计要求】**

提前两周将实验设计项目提供给学生,学生根据课外查阅的相关书籍、手册等资料,设计出可行的实验方案。

实验方案的内容包括以下 5 个部分。

1. 实验原理　描述自行设计方案的方法原理、选用的指示剂及有关的计算公式。

2. 仪器和试剂　主要试剂的浓度、用量、配制方法以及所需主要仪器。

3. 实验步骤　包括标准溶液的配制与标定、混合溶液各组分含量的测定步骤，要有详细和具体的量（浓度、加取体积）、有关现象（颜色的变化）等，具有可操作性。

4. 实验数据记录与结果处理　自行设计简洁直观的原始数据记录和计算结果的表格。

5. 讨论分析设计方案的优缺点、注意事项、待改进之处以及新的实验思路等。

## 【设计思路】

1. 运用酸碱准确滴定的判别式，决定使用直接滴定法或其他滴定法。

2. 根据实验原理，选择合理可行的实验方法。

3. 选择适宜的滴定剂，根据待测物的性质，选择标定方法，即确定基准物质。

4. 根据滴定化学计量点生成物的性质，计算化学计量点 pH，选择适宜的指示剂。

5. 在酸碱滴定法中，滴定剂及待测物的浓度通常约为 $0.1 mol \cdot L^{-1}$ 计算固体样品或样品溶液的取样量。

## 【设计题目】

1. $NH_4Cl$-HCl 混合液中各组分含量的测定

设计提示：$NH_4^+$ 为极弱酸（$pK_a = 9.25$），该混合液可以采用分步滴定法。先滴定出 HCl，以 HCl 和 $NH_4Cl$ 约为 $0.1 mol \cdot L^{-1}$ 时，计算出第一化学计量点时溶液的 pH，选择合适的指示剂。测定 HCl 后，甲醛强化法测定 $NH_4^+$ 的含量。

2. HCl-$H_3PO_4$ 混合溶液中各组分含量的测定

设计提示：由于 $H_3PO_4$（$K_{a_1} = 7.6 \times 10^{-3}$，$K_{a_2} = 6.3 \times 10^{-8}$，$K_{a_3} = 4.4 \times 10^{-13}$）的 $K_{a_1}/K_{a_2} > 10^5$，$K_{a_2}c > 10^{-8}$，故可以用氢氧化钠标准溶液直接滴定 HCl 和 $H_3PO_4$ 混合物。以甲基红为指示剂，用 NaOH 标准溶液滴定 HCl 至 NaCl，$H_3PO_4$ 滴定至 $H_2PO_4^-$。以百里酚酞为指示剂，用 NaOH 标准溶液滴定 $H_2PO_4^-$ 至 $HPO_4^{2-}$。

3. NaOH-$Na_3PO_4$ 混合溶液中各组分含量测定

设计提示：以百里酚酞为指示剂，用 HCl 标准溶液将 NaOH 滴定至 NaCl，$PO_4^{3-}$ 滴定至 $HPO_4^{2-}$。以甲基橙为指示剂，用 HCl 标准溶液将 $HPO_4^{2-}$ 滴定至 $H_2PO_4^-$。

# 第4章 配位滴定实验

## 实验 13　EDTA 标准溶液的配制和标定

### 【实验目的与要求】

1. 掌握 EDTA 溶液的配制及浓度的标定方法；
2. 了解常用金属离子指示剂及其变色原理；
3. 熟悉 EDTA 溶液标定中基准物质的选择原则；
4. 了解配位滴定中酸碱缓冲溶液的作用。

### 【实验原理】

EDTA 是络合滴定中最常用的滴定试剂，它能与大多数金属离子形成稳定的 1：1 络合物。但是 EDTA 试剂（常用的为带结晶水的二钠盐）吸附有少量水分并含有少量其他杂质，因此不能直接用于配制标准溶液。通常先将 EDTA 配制成接近所需浓度的溶液，然后用基准物质进行标定。常用于标定 EDTA 的基准物质有 Cu、Zn、Ni、Pb、CuO、$ZnSO_4 \cdot 7H_2O$、$MgSO_4 \cdot 7H_2O$、$CaCO_3$ 等。

通常选用与被测组分相同的物质作基准物质，使标定条件和测量条件尽量一致，以减小误差。例如，测水的硬度或石灰石中 CaO 含量，应用 $CaCO_3$ 或 $MgSO_4 \cdot 7H_2O$ 作基准物质；测定 $Pb^{2+}$ 和 $Bi^{3+}$ 则应用纯 Zn、Pb 或 ZnO 作基准物质。本实验用 $CaCO_3$ 作基准物质标定 EDTA（EDTA 二钠盐可简写为 $H_2Y^{2-}$），用铬黑 T 指示剂指示终点。

用 EDTA（$H_2Y^{2-}$）滴定 $Ca^{2+}$ 时，以铬黑 T（或称 EBT）为指示剂，溶液 pH＝10。

滴定原理如下。

（1）滴定前：加入铬黑 T（$HIn^{2-}$）指示剂，此时它与少量 $Ca^{2+}$ 络合生成紫红色络合物，使溶液呈紫红色。

$$Ca^{2+} + HIn^{2-} = CaIn^- + H^+$$
$$\text{（蓝）} \qquad \text{（紫红）}$$

（2）滴定开始：加入的 EDTA 先与溶液中游离的 $Ca^{2+}$ 络合：

$$Ca^{2+} + H_2Y^{2-} = CaY^{2-} + 2H^+$$

（3）接近等当点时：溶液中游离 $Ca^{2+}$ 已经全部被 EDTA 络合，再滴入 EDTA 便要夺取 $CaIn^-$ 络合物中的 $Ca^{2+}$，使铬黑 T 重新游离出来，这时溶液由紫红色变蓝色，即为终点。

$$CaIn^- + H_2Y^{2-} = CaY^{2-} + H^+ + HIn^{2-}$$
$$\text{（紫红）} \qquad\qquad\qquad\qquad\qquad \text{（蓝）}$$

**【仪器、试剂与材料】**

1. 仪器：电子天平，滴定管（50mL），容量瓶（100mL、250mL），移液管（25mL），烧杯（100mL、500mL），锥形瓶（250mL），称量瓶，试剂瓶（500mL），洗耳球，玻璃棒，洗瓶，量筒，铁架台，滴定管夹等。

2. 试剂与材料：$CaCO_3$（基准物质，于110℃烘箱中干燥2h，稍冷后置于干燥器中冷却至室温备用）；乙二胺四乙酸二钠盐（分析纯，$Na_2H_2Y \cdot 2H_2O$，相对分子质量372.24）；$MgCl_2$ 溶液（$0.05mol \cdot L^{-1}$）；HCl 溶液（$6mol \cdot L^{-1}$）。

$NH_3$-$NH_4Cl$ 缓冲溶液，称20g $NH_4Cl$ 溶于蒸馏水后，加100mL浓氨水，用蒸馏水稀释至1000mL，pH约等于10。

铬黑T（$5g \cdot L^{-1}$），称0.5g铬黑T，溶于25mL三乙醇胺与75mL无水乙醇的混合溶液中，低温保存，有效期约100天。

**【实验步骤】**

1. $0.02mol \cdot L^{-1}$ EDTA溶液的配制

台秤上称取2.4g EDTA-2Na置于烧杯中，加水微热溶解后，稀释到300mL，加氨性缓冲溶液调pH=7，加5滴 $MgCl_2$ 溶液，转入试剂瓶中，摇匀，待用。

2. $0.02mol \cdot L^{-1}$ EDTA溶液的标定

准确称取 $CaCO_3$ 0.4～0.6g于烧杯中，用 $6mol \cdot L^{-1}$ HCl溶液加热溶解，待冷却后定量转入250mL容量瓶中，稀释到刻度，摇匀。

移取25.00mL $CaCO_3$ 标准溶液于锥形瓶中，加30mL蒸馏水、10mL $NH_3$-$NH_4Cl$ 缓冲溶液及2～3滴铬黑T指示剂，摇匀后用EDTA标准溶液滴定至溶液由紫红色恰变为纯蓝色即为终点。平行测定3份，计算EDTA溶液的准确浓度及相对平均偏差。

**【实验结果与数据处理】**

标定标准溶液浓度相关数据如下。

| 项目 | | 1 | 2 | 3 |
|---|---|---|---|---|
| 碳酸钙/g | | | | |
| EDTA溶液体积/mL | 终读数 | | | |
| | 始读数 | | | |
| | 消耗体积 | | | |
| $c_{EDTA}$/mol·L$^{-1}$ | | | | |
| $\bar{c}_{EDTA}$/mol·L$^{-1}$ | | | | |
| 相对平均偏差/% | | | | |

计算公式：

$$c_{EDTA} = \frac{100 m_{CaCO_3}}{M_{CaCO_3} V_{EDTA}}$$

**【实验注意事项】**

1. 滴定时，铬黑T指示剂终点变色不够敏锐，可加入一定量的Mg-EDTA混合液，使终点变色更加敏锐。

2. 指示剂最好在滴定开始前加入。

3. 紫红色变为纯蓝色之前，会出现紫蓝色，表明临近终点，这时应放慢滴定速度并剧烈振摇。

【思考题】

1. 配位滴定中为什么加入缓冲溶液？

2. 用 $CaCO_3$ 为基准物，以钙指示剂为指示剂标定 EDTA 浓度时，应控制溶液的酸度为多大？为什么？如何控制？

3. 配位滴定法与酸碱滴定法相比，有哪些不同点？操作中应注意哪些问题？

【e 网链接】

1. http：//www.360doc.com/content/11/0502/10/4649516_113682016.shtml

2. http：//v.ku6.com/show/CAKXCBnFXu17dTIl.html? nr=1

3. http：//www.doc88.com/p_192328333755.html

4. http：//www.docin.com/p_74959863.html

5. http：//www.chinadmd.com/file/spr3vvpxopcpuccxvexzvpir_1.html

# 实验 14　自来水硬度测定

【实验目的与要求】

1. 掌握用配位滴定法测定自来水总硬度的原理和方法；

2. 了解水硬度的测定的意义及水的硬度的表示方法；

3. 学习水的硬度的计算方法。

【实验原理】

水的总硬度的测定是指测定水中 $Ca^{2+}$、$Mg^{2+}$ 总量。各国采用的硬度单位有所不同，目前我国常用的表示方法是以度（°）计，即 1L 水中含有 10mg CaO 称为 1°；（1.0mol EDTA 相当于 1.0mol CaO）故得：$m_{CaO}(mg)=c_{EDTA}V_{EDTA}M_{CaO}$，$m_{CaCO_3}(mg)=c_{EDTA}V_{EDTA}M_{CaCO_3}$。

我国还以 $CaCO_3$ 的质量体积浓度表示水的硬度。我国生活饮用水规定，总硬度以 $CaCO_3$ 计，不得超过 450mg·L$^{-1}$。

计算公式：水的硬度 ppm（mg·L$^{-1}$）$=1000c_{EDTA}V_{EDTA}M_{CaCO_3}/V_{水}$

用 EDTA 络合滴定法测定水的总硬度时，可在 pH=10 的缓冲溶液中，以铬黑 T 为指示剂，用三乙醇胺掩蔽水中的 $Fe^{3+}$、$Al^{3+}$、$Cu^{2+}$、$Pb^{2+}$、$Zn^{2+}$ 等共存离子，再用 EDTA 标准溶液直接滴定水中的 $Ca^{2+}$、$Mg^{2+}$ 总量。

【仪器、试剂与材料】

1. 仪器：电子天平，称量瓶，滴定管（50mL），容量瓶（250mL），移液管（25mL），烧杯（100mL、250mL、500mL），锥形瓶（250mL），量筒（10mL、50mL），洗耳球，玻璃棒，洗瓶，铁架台，滴定管夹等。

2. 试剂：EDTA 溶液（0.02mol·L$^{-1}$），$NH_3$-$NH_4Cl$ 缓冲溶液，铬黑 T（5g·L$^{-1}$），

三乙醇胺溶液（200g·L$^{-1}$）。

**【实验步骤】**

1. 0.02mol·L$^{-1}$ EDTA 溶液配制与标定

参考实验 13。

2. 自来水总硬度的测定

用一干净的大烧杯取自来水 500～1000mL，用移液管移取水样 50mL 于 250mL 锥形瓶中，加入三乙醇胺（200g·L$^{-1}$）3mL，摇匀后加入 NH$_3$-NH$_4$Cl 缓冲溶液 5mL 及 2～3 滴铬黑 T 指示剂，摇匀，立即用 0.02mol·L$^{-1}$ EDTA 标准溶液滴定，当溶液由红色变为纯蓝色即为终点，平行滴定 3 份。根据 EDTA 溶液的用量计算水的总硬度。

**【实验结果与数据处理】**

水样测定相关数据如下。

| 项目 | | 1 | 2 | 3 |
|---|---|---|---|---|
| 水样/mL | | | | |
| EDTA 溶液<br>体积/mL | 终读数 | | | |
| | 始读数 | | | |
| | 消耗体积 | | | |
| $w_{CaCO_3}$/mg·L$^{-1}$ | | | | |
| $\overline{w}_{CaCO_3}$/mg·L$^{-1}$ | | | | |
| 相对平均偏差/% | | | | |

计算公式：

$$水的总硬度（mg·L^{-1}）= \frac{c_{EDTA}V_{EDTA}M_{CaCO_3}}{V_{水样}\times 10^{-3}}$$

$$= \frac{1000c_{EDTA}V_{EDTA}M_{CaCO_3}}{V_{水样}}$$

**【实验注意事项】**

1. 当水样中 Mg$^{2+}$ 含量较低时，铬黑 T 指示剂终点变色不够敏锐，可加入一定量的 Mg-EDTA 混合液，以增加溶液中 Mg$^{2+}$ 含量，使终点变色敏锐。

2. 当水样中的 Fe$^{3+}$、Al$^{3+}$、Cu$^{2+}$、Pb$^{2+}$、Zn$^{2+}$ 等含量较低时，可以不加三乙醇胺溶液。

3. 3 份水样要在同一时间取。

**【思考题】**

1. 什么叫水的总硬度？怎样计算水的总硬度？

2. 测定自来水的硬度时，哪些离子有干扰？如何消除？

3. 为什么滴定 Ca$^{2+}$、Mg$^{2+}$ 总量时要控制 pH≈10，而滴定 Ca$^{2+}$ 分量时要控制 pH 为 12～13？若 pH＞13 时测 Ca$^{2+}$ 对结果有何影响？

4. 如果只有铬黑 T 指示剂，能否测定 Ca$^{2+}$ 的含量？如何测定？

**【e 网链接】**

1. http：//lab2.mju.edu.cn/ReadNews.asp？NewsID=200

2. http：//www.chinadmd.com/file/6spczzuz6vowzxu6sw63zro6＿1.html

3. http：//www.doc88.com/p-974391188732.html

4. http：//www.chinadmd.com/file/336u6rivv3itzevist6prtiw＿1.html

# 实验15  混合物中钙盐及镁盐的含量测定

## 【实验目的与要求】

1. 掌握 EDTA 配位滴定法测定金属离子混合试样的方法；

2. 了解钙指示剂变色原理及使用条件；

3. 熟练掌握铬黑 T 指示剂的颜色变化。

## 【实验原理】

钙指示剂（简称 NN）结构式中有 2 个酚羟基，简生成 $H_2In^{2-}$。指示剂的颜色变化与 pH 的关系如下：

$$H_2In^{2-}（粉红色）\Longrightarrow HIn^{3-}（蓝色）\Longrightarrow In^{4-}（粉红色）$$

pH：　　　　　＜8　　　　　　　　8～13　　　　　　　　＞13

NN 与 $Ca^{2+}$ 的络合物显红色，在 pH 为 12～13 时测定 $Ca^{2+}$ 终点由红色变纯蓝色，变色很敏锐。利用钙指示剂在 pH 为 8～13 时与 $Ca^{2+}$ 形成稳定的粉红色络合物，而游离指示剂为蓝色，故滴定终点由粉红色变为蓝色。

当 $Mg^{2+}$ 存在时，由于溶液 pH＞12，形成 $Mg(OH)_2$ 沉淀，不再影响 $Ca^{2+}$ 的测定。所以混合物中 $Ca^{2+}$、$Mg^{2+}$ 含量测定方法是：一份试液在 pH＝10，铬黑 T 作指示剂，测 $Ca^{2+}$、$Mg^{2+}$ 总量；另一份试液用 NaOH 调到 pH＝12～13，$Mg^{2+}$ 形成 $Mg(OH)_2$ 沉淀，然后用 NN 作指示剂，滴定 $Ca^{2+}$，分别求出 $Ca^{2+}$、$Mg^{2+}$ 含量。

## 【仪器、 试剂与材料】

1. 仪器：电子天平，称量瓶，滴定管（50mL），容量瓶（250mL），移液管（20mL），烧杯（100mL、250mL、500mL），锥形瓶（250mL），量筒（10mL、50mL），洗耳球，玻璃棒，洗瓶，铁架台，滴定管夹等。

2. 试剂与材料：EDTA 标准液（$0.05mol \cdot L^{-1}$），钙盐及镁盐混合试样，二乙胺，$NH_3$-$NH_4Cl$ 缓冲溶液，NaOH，钙指示剂，铬黑 T 指示剂（各种试剂配制方法同前）。可溶性钙盐及镁盐混合试样。

## 【实验步骤】

1. 钙盐的含量测定

精密称取定量的可溶性钙盐及镁盐混合试样，在 250mL 容量瓶中配制成相当于 $Ca^{2+}$ 或 $Mg^{2+}$ 浓度约 $0.05mol \cdot L^{-1}$。精密吸取样品液 20.00mL，加蒸馏水 25mL，二乙胺 3mL 调节 pH＝12～13，再加入钙指示剂 1mL，用 EDTA 标准液（$0.05mol \cdot L^{-1}$）滴定至溶液从粉红色变为蓝色，即为终点。消耗体积为 $V_1$（mL）。

2. 钙盐和镁盐的总含量测定

从上述容量瓶中，精密吸取样品 20.00mL 于 250mL 锥形瓶中，加入蒸馏水 25mL，加入 $NH_3$-$NH_4Cl$ 缓冲溶液 10mL，铬黑 T 指示剂 1~2 滴，用 EDTA 标准溶液滴定至溶液由酒红色变为纯蓝色，即为终点，消耗体积为 $V_2$(mL)。

**【实验结果与数据处理】**

1. 钙盐测定相关数据

| 项目 | | 1 | 2 | 3 |
|---|---|---|---|---|
| 钙盐及镁盐混合试样/g | | | | |
| EDTA 溶液 体积/mL | 终读数 | | | |
| | 始读数 | | | |
| | 消耗体积 $V_1$ | | | |
| $w_{Ca^{2+}}$/% | | | | |
| $\overline{w}_{Ca^{2+}}$/% | | | | |
| 相对平均偏差/% | | | | |

计算公式：

$$w_{Ca^{2+}} = \frac{c_{EDTA}V_1 \times \dfrac{M_{Ca}}{1000}}{m \times \dfrac{20.00}{250.00}} \times 100\%$$

2. 镁盐测定相关数据

| 项目 | | 1 | 2 | 3 |
|---|---|---|---|---|
| 钙盐及镁盐混合试样/g | | | | |
| EDTA 溶液 体积/mL | 终读数 | | | |
| | 始读数 | | | |
| | 消耗体积 $V_2$ | | | |
| $w_{Mg^{2+}}$/% | | | | |
| $\overline{w}_{Mg^{2+}}$/% | | | | |
| 相对平均偏差/% | | | | |

计算公式：

$$w_{Mg^{2+}} = \frac{c_{EDTA} \times (V_2 - V_1) \times \dfrac{M_{Mg}}{1000}}{m \times \dfrac{20.00}{250.00}} \times 100\%$$

**【实验注意事项】**

1. 二乙胺用量要适当，如果 pH<12，$Mg(OH)_2$ 沉淀不完全，而 pH>13 时，终点变化不明显。

2. 镁盐测定中消耗标准液的体积是 $V_2 - V_1$。

**【思考题】**

1. 为什么在镁盐测定中消耗标准液的体积是 $V_2 - V_1$？

2. 为什么样品要溶解在容量瓶中，每次吸取相同量来进行滴定？称一个滴一个可以吗？

为什么?

【e 网链接】
1. http://www.wanfangdata.com.cn/Periodical_zgkjzh201116262.aspx
2. http://www.docin.com/p-140432570.html
3. http://www.doc88.com/p-78562628119.html

# 实验 16  明矾的含量测定

## 【实验目的与要求】

1. 掌握配位滴定法中剩余量滴定法的原理及其应用;

2. 了解 EDTA 配位滴定法滴定铝盐的特点;

3. 了解二甲酚橙指示剂的使用条件;

4. 理解二甲酚橙指示剂在终点时的颜色变化。

## 【实验原理】

测定明矾的含量一般都测定其组成中铝的含量,然后换算成明矾的含量。用 EDTA 标准溶液滴定 $Al^{3+}$ 需在下列条件下进行。

(1) EDTA 与 $Al^{3+}$ 的络合反应速度较慢,因此要采用剩余量滴定法进行,即加入过量一定量的 EDTA,加热促使络合完全,然后用标准锌盐溶液回滴剩余的 EDTA。

$$Al^{3+} + H_2Y^{2-} = AlY^- + 2H^+$$
$$Zn^{2+} + H_2Y^{2-} = ZnY^{2-} + 2H^+$$

(2) 要控制溶浓的酸度为 pH = 5~6,pH < 4 时络合不完全,pH > 7 时则生成 $Al(OH)_3$ 沉淀。控制酸度可用 HAc-NaAc 缓冲溶液或六亚甲基四胺(乌洛托品)溶液。

(3) 常用二甲酚橙(XO)或吡啶偶氮萘酚(PAN 0.1%甲醇溶液)为指示剂。二甲酚橙在 pH < 6.3 时呈黄色,pH > 6.3 时呈红色,而 $Zn^{2+}$ 与二甲酚橙的络合物呈紫红色,所以溶液的酸度要控制在 pH < 6.3。终点时的变化为:

$$Zn^{2+}\text{-}XO + H_2Y^{2-} = ZnY^{2-} + 2H^+ + XO$$
　　　　（紫红色）　　　　　　　　　　　　　　（黄色）

在 pH = 2~11 范围内 PAN 指示剂为黄色,与 $Cu^{2+}$ 络合变为橙红色,所以如果用 PAN 为指示剂,回滴所用标准液应该使用 $CuSO_4$ 标准液(0.05mol·$L^{-1}$),终点由黄色转变为橙红色。

## 【仪器、试剂与材料】

1. 仪器:电子天平,称量瓶,滴定管(50mL),容量瓶(250mL),移液管(25mL),烧杯(100mL、250mL、500mL),锥形瓶(250mL),量筒(10mL、50mL),洗耳球,玻璃棒,洗瓶,铁架台,滴定管夹等。

2. 试剂与材料:EDTA 标准液(0.05mol·$L^{-1}$),$ZnSO_4$,1:1 盐酸,氨试液,甲基红指示液(0.025:100),铬黑 T 指示剂,$NH_3$-$NH_4Cl$ 缓冲液,$CuSO_4$·$5H_2O$,HAc-NaAc 缓冲液,二甲酚橙指示剂。

**【实验步骤】**

1. 0.05mol·L⁻¹ ZnSO₄ 溶液的配制与标定

取 ZnSO₄ 8g，加稀盐酸 10mL 与适量的蒸馏水溶解成 1000mL，摇匀，即得。

精密量取 25.00mL 上述溶液，加甲基红指示液（0.025∶100）1 滴，滴加氨试液至溶液显微黄，加蒸馏水 25mL、NH₃-NH₄Cl 缓冲液 10mL 与铬黑 T 指示剂 3 滴，用 EDTA 标准液（0.05mol·L⁻¹）滴定至溶液由紫红色转变为纯蓝色，即为终点。

2. 0.05mol·L⁻¹ CuSO₄ 溶液的配制与标定

称取 CuSO₄·5H₂O 13g，溶于 1000mL 蒸馏水中，摇匀即得。用碘量法标定其准确浓度。

3. 明矾的含量测定

精密称取明矾样品约 1.4g 于 50mL 烧杯中，用适量蒸馏水溶解后转移至 100mL 容量瓶中，稀释至刻度摇匀。用移液管吸取 25.00mL 于 250mL 锥形瓶中，加蒸馏水 25mL，然后精密加入 EDTA 标准液（0.05mol·L⁻¹）25.00mL，在沸水浴中加热 10min，冷至室温，再加水 30mL 及 HAc-NaAc 缓冲液 5mL，二甲酚橙指示剂 4～5 滴，用 ZnSO₄ 溶液（0.05mol·L⁻¹）滴定至溶液由黄色变为橙色（或加入 0.1%PAN 指示剂 8～10 滴，10～15mL 乙醇，用标准 CuSO₄ 液滴定至橙红色），即为终点。

**【实验结果与数据处理】**

1. 0.05mol·L⁻¹ ZnSO₄ 溶液标定相关数据

| 项目 | | 1 | 2 | 3 |
|---|---|---|---|---|
| 硫酸锌/g | | | | |
| EDTA 溶液体积/mL | 终读数 | | | |
| | 始读数 | | | |
| | 消耗体积 | | | |
| $c_{ZnSO_4}$/mol·L⁻¹ | | | | |
| $\overline{c}_{ZnSO_4}$/mol·L⁻¹ | | | | |
| 相对平均偏差/% | | | | |

计算公式：

$$c_{ZnSO_4} = \frac{c_{EDTA}V_{EDTA}}{V_{ZnSO_4}}$$

2. 明矾含量测定相关数据

| 项目 | 1 | 2 | 3 |
|---|---|---|---|
| 明矾样品/g | | | |
| $c_{EDTA}$/mol·L⁻¹ | | | |
| EDTA 消耗体积/mL | | | |
| $c_{ZnSO_4}$/mol·L⁻¹ | | | |
| 硫酸锌消耗体积/mL | | | |
| $w_{明矾}$/% | | | |
| $\overline{w}_{明矾}$/% | | | |
| 相对平均偏差/% | | | |

计算公式：

$$w_{明矾} = \frac{(c_{EDTA}V_{EDTA} - c_{ZnSO_4}V_{ZnSO_4}) \times \dfrac{M_{明矾}}{1000}}{m_s \times \dfrac{25.00}{100.00}} \times 100\%$$

### 【实验注意事项】

1. 样品溶于水后，会因缓缓溶解而显浑浊，但在加入过量 EDTA 液加热后，即可溶解，故不影响测定。

2. 加热促进 $Al^{3+}$ 与 EDTA 的配合反应加速，一般在沸水浴中加热 3min 配合程度可达 99%，为了尽量使反应完全，可加热 10min。

3. 在 pH<6 时，游离二甲酚橙呈黄色，滴定至 $ZnSO_4$ 稍微过量时，$Zn^{2+}$ 与部分二甲酚橙络合成红紫色，黄色与红紫色组成橙色，故滴定至橙色即为终点。

### 【思考题】

1. 用 EDTA 测定铝盐的含量，为什么要用间接法进行？允许的最低 pH 值为多少？能用铬黑 T 为指示剂吗？

2. 试述用置换滴定法测定铝含量的原理。

### 【e 网链接】

1. http：//www. docin. com/p-612326189. html

2. http：//jpkc. sctbc. net/news/list. asp? id=441

# 实验 17  铅铋混合溶液中铅铋含量的连续测定

### 【实验目的与要求】

1. 熟悉用基准物质 ZnO 标定 EDTA 的原理及标定方法；

2. 掌握以控制溶液的酸度来进行多种金属离子连续测定的原理和操作方法；

3. 掌握二甲酚橙的应用和终点颜色的变化；

4. 了解配位滴定中缓冲溶液的作用。

### 【实验原理】

如果要对同一份溶液中的两种离子 M、N 进行分别测定，必须满足 3 个条件：$\lg(c_M^{sp}K'_{MY}) \geqslant 5$、$\lg(c_N^{sp}K'_{NY}) \geqslant 5$、$\Delta\lg(cK) \geqslant 5$，这时测定 M 的适宜酸度范围是：

最高酸度                 $\lg\alpha_{Y(H)} = \lg c_M^{sp} + \lg K_{MY} - 5$

最低酸度                 $\lg\alpha_{Y(H)} = \lg c_N^{sp} + \lg K_{NY} - 1$

$Pb^{2+}$、$Bi^{3+}$ 都能与 EDTA 形成稳定的配合物，其 $\lg K$ 值分别为 27.94 和 18.04，两者稳定性相差很大，$\Delta\lg K = 9.90 > 6$。由于 $\Delta\lg(cK) \geqslant 5$，因此可以控制溶液不同的酸度分别测定它们的含量。测定 $Pb^{2+}$ 的酸度范围是 pH=3.0~7.5，测定 $Bi^{3+}$ 的酸度范围是 pH=0.6~1.6。

首先调节溶液的 pH＝1，以二甲酚橙为指示剂，用 EDTA 标准溶液滴定 $Bi^{3+}$；调节滴定以后的溶液 pH＝3.0～7.5，用 EDTA 标准溶液滴定 $Pb^{2+}$。

pH＝1，滴定 $Bi^{3+}$ 时，此时 Pb 不与 XO 络合

滴定前：$Bi^{3+}$（少量）＋XO ══ Bi-XO（紫红色）

滴定开始至化学计量点前：$Bi^{3+}$（大量）＋Y ══ BiY

计量点时：Y（半滴）＋Bi-XO ══ BiY＋XO（亮黄色）

pH＝3.0～7.5，滴定 $Pb^{2+}$ 时：

滴定前：$Pb^{2+}$（少量）＋XO ══ Pb-XO（紫红色）

滴定开始至化学计量点前：$Pb^{2+}$（大量）＋Y ══ PbY

计量点时：Y（半滴）＋Pb-XO ══ PbY＋XO（亮黄色）

## 【仪器、试剂与材料】

1. 仪器：电子天平，称量瓶，滴定管（50mL），容量瓶（250mL），移液管（25mL），烧杯（100mL、250mL、500mL），锥形瓶（250mL），量筒（10mL、50mL），洗耳球，玻璃棒，洗瓶，铁架台，滴定管夹等。

2. 试剂和材料：乙二胺四乙酸二钠（分析纯），0.2%二甲酚橙溶液，20%六亚甲基四胺溶液，氨水（1∶1），NaOH 溶液（2mol·$L^{-1}$），$HNO_3$ 溶液（0.1mol·$L^{-1}$）、$HNO_3$ 溶液（2mol·$L^{-1}$）、HCl 溶液（1∶1）。

## 【实验步骤】

1. 0.02mol·$L^{-1}$ EDTA 溶液的配制

称取 2g 乙二胺四乙酸二钠盐（EDTA）于 50mL 烧杯中，用水溶解转移至洗净的试剂瓶中并稀释至 250mL，摇匀。

2. 0.02mol·$L^{-1}$ EDTA 溶液的标定

准确称取基准物质 ZnO 0.32～0.48g 置于 250mL 烧杯中，盖上表面皿，沿烧杯嘴缓慢加入 10mL 1∶1 的 HCl 溶液，待 Zn 片溶解后冲洗表面皿及烧杯内壁，定量转移到 250mL 容量瓶中，定容后混匀。

用 25mL 移液管准确移取上述 $Zn^{2+}$ 标准溶液置于 250mL 锥形瓶中，加 2 滴二甲酚橙指示剂，滴加约 5mL 六亚甲基四胺溶液至溶液呈稳定的紫红色后，再加入 5mL 六亚甲基四胺溶液。用待标定的 EDTA 标准溶液滴定至溶液由紫红色变为亮黄色，即为终点，平行 3 次。计算 EDTA 标准溶液的准确浓度。

3. 测定 $Bi^{3+}$、$Pb^{2+}$

用 25mL 移液管移取 $Pb^{2+}$ 和 $Bi^{3+}$ 混合液于 250mL 锥形瓶中，加入 10mL 0.1mol·$L^{-1}$ $HNO_3$ 溶液，加入 2 滴 0.2%二甲酚橙指示剂，用 EDTA 标准溶液滴定至溶液由紫红色变为亮黄色，即为终点。根据滴定时消耗 EDTA 标准溶液的体积 $V_1$ 计算混合液中 $Bi^{3+}$ 的含量。

在滴定 $Bi^{3+}$ 后的溶液中，滴加约 5mL 20%六亚甲基四胺溶液至溶液呈稳定的紫红色后，再加入 5mL 六亚甲基四胺溶液。此时溶液的 pH 值为 5～6。再用 EDTA 标准溶液滴定至溶液由紫红色变为亮黄色，即为终点。根据滴定时消耗 EDTA 标准溶液的体积 $V_2$ 计算混合液中 $Pb^{2+}$ 的含量。

**【实验结果与数据处理】**

1. ZnO 作为基准物质标定 EDTA 溶液的相关数据

| 项目 | | 1 | 2 | 3 |
|---|---|---|---|---|
| ZnO/g | | | | |
| 移取 $Zn^{2+}$ 溶液的体积/mL | | | | |
| EDTA 溶液体积/mL | 终读数 | | | |
| | 始读数 | | | |
| | 消耗体积 | | | |
| $c_{EDTA}$/mol·L$^{-1}$ | | | | |
| $\bar{c}_{EDTA}$/mol·L$^{-1}$ | | | | |
| 相对平均偏差/% | | | | |

计算公式：

$$c_{EDTA} = \frac{\dfrac{m_{ZnO}}{M_{ZnO}} \times \dfrac{25.00}{250.00}}{V_{EDTA} \times 10^{-3}}$$

2. 测定 $Pb^{2+}$、$Bi^{3+}$ 的相关数据

| 项目 | | 1 | 2 | 3 |
|---|---|---|---|---|
| 移取混合溶液的体积/mL | | | | |
| EDTA 溶液体积/mL | 第二终读数 | | | |
| | 第一终读数 | | | |
| | 始读数 | | | |
| | 消耗体积 $V_1$ | | | |
| | 消耗体积 $V_2$ | | | |
| $c_{Bi^{3+}}$/mol·L$^{-1}$ | | | | |
| $\bar{c}_{Bi^{3+}}$/mol·L$^{-1}$ | | | | |
| 相对平均偏差/% | | | | |
| $c_{Pb^{2+}}$/mol·L$^{-1}$ | | | | |
| $\bar{c}_{Pb^{2+}}$/mol·L$^{-1}$ | | | | |
| 相对平均偏差/% | | | | |

计算公式：

$$c_{Bi^{3+}} = \frac{c_{EDTA}V_1}{25.00} \qquad c_{Pb^{2+}} = \frac{c_{EDTA}V_2}{25.00}$$

**【实验注意事项】**

1. $Bi^{3+}$、$Pb^{2+}$ 的混合溶液在配制时必须要调节试液 pH=1。此时，$Bi^{3+}$ 不会水解形成沉淀，二甲酚橙也不会 $Pb^{2+}$ 与配位；如果酸度太高，二甲酚橙不与 $Bi^{3+}$ 配位，溶液呈黄色。

2. 在 $Pb^{2+}$ 的测定中，在不能使用 HAc-NaAc 缓冲溶液调节溶液的酸度，应该加入 20% 六亚甲基四胺溶液，调节溶液的 pH=5~6。

3. 络合反应速度较慢，滴定时滴加速度不能太快，特别是临近终点时，要边滴边摇晃。

4. 每次滴定前都要将滴定管液面调至零刻度或零刻度稍下一点，以减少读数误差。

### 【思考题】

1. 本实验中 EDTA 溶液的标定能否使用 $CaCO_3$ 作为基准物质？

2. 本实验能否先在 pH＝5～6 的溶液中滴定 $Pb^{2+}$ 的含量，调节溶液 pH≈1 后，再滴定 $Bi^{3+}$ 的含量？

3. 在滴定 $Bi^{3+}$ 时，如果溶液的 pH 超出要求的范围，可能会对分析结果造成何种影响？实验中可能会出现何种异常现象？

### 【e网链接】

1. http：//hxsf. yctc. edu. cn/experiment/analysis/ea07. htm

2. http：//www. docin. com/p-8617137. html

3. http：//www. chinabaike. com/z/keji/shiyanjishu/2011/0116/168255. html

4. http：//www. docin. com/p-545588493. html

5. http：//ecc. taru. edu. cn/syjx3. jsp？urltype ＝ news. NewsContentUrl＆wbtreeid＝14163＆wbnewsid＝270943

# 实验 18  配位滴定法自拟实验

### 【实验目的】

1. 培养学生运用配位滴定理论解决实际问题的能力，并通过实践加深对理论知识的理解；

2. 提高学生查阅参考资料和撰写实验报告的能力。

### 【实验要求】

1. 要求在参考资料的基础上，拟定实验方案，经过教师审阅批准后，方能进行实验并写出实验报告。

2. 实验方案按照如下内容：测定方法概述；使用仪器及试剂；操作步骤；实验数据处理等。

### 【设计实验选题】

下列题目任选其中一个进行设计。

1. 铝、锌混合液中锌的测定

$Al^{3+}$ 的存在对 $Zn^{2+}$ 的测定有干扰，利用在弱酸性溶液中 $Al^{3+}$ 能与 $F^-$ 形成稳定的 $AlF_6^{3-}$，可掩蔽 $Al^{3+}$ 对 $Zn^{2+}$ 的干扰。

在弱酸性条件下，EDTA 滴定 $Zn^{2+}$，适用的指示剂为二甲酚橙。

2. $Fe^{3+}$ 和 $Cr^{3+}$ 混合液中 $Fe^{3+}$ 的含量测定

因为 $Cr^{3+}$ 与 EDTA 在室温下反应速度极慢，因此，在室温下不用将 $Cr^{3+}$ 分离或掩蔽，可直接在 $Fe^{3+}$ 和 $Cr^{3+}$ 同时存在的情况下，用 EDTA 直接滴定 $Fe^{3+}$ 的含量。

3. 葡萄糖酸钙的含量测定

　　配位滴定中常用的指示剂为铬黑 T，但 $Ca^{2+}$ 与铬黑 T 在 pH＝10 时形成的络合物不够稳定，会使终点过早出现，加入少量 MgY 作为辅助指示剂。EDTA 先与游离 $Ca^{2+}$ 络合，终点时 MgY 被置换出来，并未消耗 EDTA，而是起了辅助铬黑 T 指示终点的作用。

　　4. 硫酸铝中铝和硫的测定

　　试样用稀盐酸或稀硝酸溶解，用返滴定法测定 $Al^{3+}$，加过量 $Ba^{2+}$ 后再用 EDTA 返滴定多余的 $Ba^{2+}$。

# 第5章 氧化还原滴定实验

## 实验 19　高锰酸钾标准溶液的配制和标定

### 【实验目的与要求】

1. 掌握高锰酸钾标准溶液的配制方法、保存条件及方法；
2. 掌握采用 $Na_2C_2O_4$ 作基准物标定高锰酸钾标准溶液的原理与方法；
3. 练习使用自身指示剂，对自动催化反应有所了解。

### 【实验原理】

$KMnO_4$ 为强氧化剂，在酸性溶液中有以下反应：

$$MnO_4^- + 8H^+ + 5e^- =\!\!= Mn^{2+} + 4H_2O$$

故溶液中 $H^+$ 的浓度保持在 $1 \sim 2mol \cdot L^{-1}$ 时，可以直接滴定 $Fe^{2+}$、$As(\text{Ⅲ})$、$Sb(\text{Ⅲ})$、$NO_2^-$、$C_2O_4^{2-}$、$H_2O_2$ 及其他还原性物质，还可间接测定没有氧化还原性的物质，如 $Ca^{2+}$、$Ba^{2+}$、$Th^{4+}$ 等。

　　纯的高锰酸钾相当稳定，市售的 $KMnO_4$ 试剂的纯度一般为 $99\% \sim 99.5\%$，其中常含有少量 $MnO_2$ 和其他硫酸盐、氯化物及硝酸盐等杂质；另外，蒸馏水中常含有少量的还原性有机物质也会与 $KMnO_4$ 缓慢发生还原反应，生成的 $MnO_2$ 或 $MnO(OH)_2$ 还原产物又能促进 $KM_{11}O_4$ 自身分解，分解反应方程式如下：

$$4MnO_4^- + 2H_2O =\!\!= 4MnO_2 + 3O_2\uparrow + 4OH^-$$

见光则分解更快。因此，$KMnO_4$ 的浓度容易改变，不能用直接法配制准确浓度的高锰酸钾标准溶液，必须正确的配制和保存，如果长期使用必须定期进行标定。为了得到稳定的 $KMnO_4$ 溶液，在标定前，需将溶液中析出的四价锰的沉淀物质用微孔玻璃漏斗过滤除掉。

　　标定 $KMnO_4$ 的基准物质比较多，如有 $As_2O_3$、$H_2C_2O_4 \cdot 2H_2O$、$Na_2C_2O_4$ 和纯铁丝等。其中以 $Na_2C_2O_4$ 最为常见，$Na_2C_2O_4$ 具有不含结晶水、不易吸湿、易制得纯品、性质稳定等优点，故常用它来标定 $KMnO_4$ 溶液。标定的反应为：

$$2MnO_4^- + 5C_2O_4^{2-} + 16H^+ =\!\!= 2Mn^{2+} + 10CO_2\uparrow + 8H_2O$$

由于 $KMnO_4$ 和 $Na_2C_2O_4$ 反应在开始时速度比较慢，故开始滴加 $KMnO_4$ 溶液时要缓慢滴加，一经反应有 $Mn^{2+}$ 生成，由于 $Mn^{2+}$ 对反应有一定的催化作用，使得反应速度明显加快，滴定速度也可以逐渐加快，也可将溶液加热或者加入少量 $Mn^{2+}$ 以提高反应速度。

　　滴定时，当溶液中 $MnO_4^-$ 的浓度约为 $2 \times 10^{-6}mol \cdot L^{-1}$ 时，人眼可以观察到粉红色，故滴定反应达到化学计量点后，可利用 $MnO_4^-$ 本身的紫红色指示终点，不需要另外添加指示剂。

**【仪器、试剂与材料】**

1. 仪器：分析天平，台秤，酸式滴定管，小烧杯，大烧杯，酒精灯，温度计，棕色试剂瓶，微孔玻璃漏斗（3号），称量瓶，锥形瓶，量筒，干燥器。

2. 试剂和材料：$KMnO_4$（分析纯，固体），$H_2SO_4$ 溶液（3mol·L$^{-1}$），$Na_2C_2O_4$（基准试剂）：105℃干燥2h后冷却，置于干燥器中备用。

**【实验步骤】**

1. 高锰酸钾 $KMnO_4$ 标准溶液的配制

在台秤上称取 1.6g 固体 $KMnO_4$，置于大烧杯中，加水 500mL（由于要煮沸使水蒸发，可适当多加些水），盖上表面皿，加热至沸腾，保持微沸状态约 1h，中间可以补加一定量的蒸馏水，以保持体积在 500mL 左右，静置冷却，用微孔玻璃漏斗或玻璃棉漏斗过滤，滤液装入棕色试剂瓶中，贴上标签，保存备用。也可将固体 $KMnO_4$ 溶解于新煮沸过的蒸馏水中，让该溶液在室温下的暗处放置 1 周后，用微孔玻璃漏斗过滤备用。

2. 高锰酸钾 $KMnO_4$ 标准溶液的标定

在电子天平或分析天平上，准确称取 0.15g 左右的基准物质 $Na_2C_2O_4$ 3 份，分别置于 250mL 的锥形瓶中，向其中加约 30mL 水使 $Na_2C_2O_4$ 溶解，再加入 3mol·L$^{-1}$ $H_2SO_4$ 10mL，盖上表面皿，将锥形瓶置于水浴上或在石棉铁丝网上慢慢加热到 75~85℃（刚开始冒热气的温度），趁热用待标定的高锰酸钾溶液滴定。刚开始滴定时反应速度慢，滴入一滴高锰酸钾溶液后摇动，待溶液褪色，再滴第二滴高锰酸钾溶液，待溶液中产生了 $Mn^{2+}$ 后，随着反应速度的加快，滴定速度可适当逐渐加快（但也不能太快），当达到化学计量点时，更要小心滴加高锰酸钾溶液，并不断快速摇动，直到溶液呈现微红色并持续 30s 不褪色即为终点。根据 $Na_2C_2O_4$ 的质量和消耗 $KMnO_4$ 溶液的体积，可计算 $KMnO_4$ 浓度。用同样方法滴定其他两份 $Na_2C_2O_4$ 溶液，相对平均偏差应在 0.2% 以内。

**【实验结果与数据处理】**

标定标准溶液浓度相关数据如下。

| 项目 | | 1 | 2 | 3 |
|---|---|---|---|---|
| $Na_2C_2O_4$ 固体/g | | | | |
| $KMnO_4$ 溶液体积/mL | 终读数 | | | |
| | 始读数 | | | |
| | 消耗体积 | | | |
| $c_{KMnO_4}$ /mol·L$^{-1}$ | | | | |
| $\overline{c}_{KMnO_4}$ /mol·L$^{-1}$ | | | | |
| 相对平均偏差/% | | | | |

计算公式：

$$c_{KMnO_4}=\frac{\frac{2}{5}m_{Na_2C_2O_4}}{M_{Na_2C_2O_4}\frac{V_{KMnO_4}}{1000}}=\frac{400m_{Na_2C_2O_4}}{M_{Na_2C_2O_4}V_{KMnO_4}}$$

**【实验注意事项】**

1. $KMnO_4$ 溶液一定要用棕色试剂瓶放置于避光暗处保存，以免光照分解。

2. 滴定时要注意控制好温度。由于反应在室温下进行较慢，故常需将溶液加热到 $75\sim85℃$，并趁热滴定，滴定完毕时的温度不能低于 $60℃$，但加热温度也不能过高，若高于 $90℃$，$H_2C_2O_4$ 会发生分解。

3. 要注意酸度。该反应需在酸性介质中进行，以 $H_2SO_4$ 调节酸度，不能用 HCl 或 $HNO_3$ 调节酸度，这主要由于 $Cl^-$ 有还原性，能与 $MnO_4^-$ 反应；而 $HNO_3$ 有氧化性，能与被滴定的还原性物质发生反应。故为了使反应能定量进行，溶液酸度一般控制在 $0.5\sim1.0mol\cdot L^{-1}$ 范围内。

4. 注意滴定速度。该反应为自动催化反应，反应中生成的 $Mn^{2+}$ 具有催化作用，因此滴定开始时的速度不宜太快，应逐滴加入，待到第一滴 $KMnO_4$ 溶液滴入后颜色褪去，再滴加第二滴。否则酸性热溶液中 $MnO_4^-$ 来不及与 $C_2O_4^{2-}$ 反应而分解，导致结果偏低。

5. 滴定终点判断要正确。$KMnO_4$ 溶液自身为指示剂。当滴定反应到达化学计量点附近时，滴加一滴 $KMnO_4$ 溶液后，锥形瓶中溶液呈稳定的微红色且 30s 不褪色即为终点。若在空气中放置一段时间后，溶液颜色会消失，不必再滴加 $KMnO_4$ 溶液，这是因为 $KMnO_4$ 溶液与空气中还原性物质反应造成的。

6. $KMnO_4$ 溶液的颜色较深，对滴定管中溶液读数时应以液面的上沿最高线为准（即读液面的边缘）。

7. 过滤 $KMnO_4$ 溶液漏斗滤板上的 $MnO_2$ 沉淀可用一些还原性溶液，如亚铁的酸性溶液或酸性草酸溶液除掉，再用水冲洗干净。

**【思考题】**

1. 标定高锰酸钾标准溶液时应控制的温度是多少？为什么？

2. 标定高锰酸钾溶液常用哪些基准物？

3. 配制 $KMnO_4$ 标准溶液时，为什么要将 $KMnO_4$ 溶液煮沸一定时间并放置数天？

4. 配好的 $KMnO_4$ 溶液为什么要过滤后才能保存？过滤时是否可以用滤纸？

5. 配制好的 $KMnO_4$ 溶液为什么要盛放在棕色瓶中保存？如果没有棕色瓶怎么办？

6. 在滴定时，$KMnO_4$ 溶液为什么要放在酸式滴定管中？

7. 为什么滴定到溶液呈微红色并保持 30s 不褪色既可认为滴定已达终点？如放置过久为什么又褪色？

**【e 网链接】**

1. http：//www. zhku. edu. cn/zhongxin/xnsys/pzyy/kejian/26/26. htm

2. http：//www. czkjj. gov. cn/Item. aspx？id=3306

3. http：//hxsf. yctc. edu. cn/experiment/analysis/ea09. htm

4. http：//hxx. hstc. edu. cn/rcpy/images/2009/10/21/321E268C9A2D4D1A99A00ABEF0A7859D. pdf

5. http：//sys. njutcm. edu. cn/yxy/ReadNews. asp？NewsID=241

6. http：//hi. baidu. com/yyx520/item/43b1f6cb9d889911251505817

7. http：//course. cau-edu. net. cn/course/Z0165/ch10/se01/slide/slide01. htm

# 实验 20  过氧化氢含量的测定

## 【实验目的与要求】

1. 掌握用 $KMnO_4$ 法直接滴定 $H_2O_2$ 的基本原理和方法；
2. 掌握用吸量管移取试液的操作；
3. 熟练掌握盛放深色溶液的滴定管的读数技术。

## 【实验原理】

$H_2O_2$ 是医药、卫生行业上广泛使用的消毒剂。$H_2O_2$ 分子中含有一个过氧键—O—O—，既可在一定条件下作为氧化剂，又可在一定条件下作为还原剂。它在酸性溶液中能被 $KMnO_4$ 定量氧化而生成氧气和水：

$$2MnO_4^- + 5H_2O_2 + 6H^+ \rule[-0.3em]{0pt}{0pt} =\!=\!= 2Mn^{2+} + 5O_2\uparrow + 8H_2O$$

$KMnO_4$ 自身作为指示剂。

生物化学中，也常利用此法间接测定过氧化氢酶的活性。在血液中加入一定量的 $H_2O_2$，由于过氧化氢酶能使过氧化氢分解，作用完后，在酸性条件下用标准 $KMnO_4$ 溶液滴定剩余的 $H_2O_2$，就可以了解酶的活性。

## 【仪器、 试剂与材料】

1. 仪器：电子天平，称量瓶，滴定管（50mL），容量瓶（250mL），移液管（25mL），烧杯（100mL、250mL、500mL），锥形瓶（250mL），量筒（10mL、50mL），洗耳球，玻璃棒，洗瓶，铁架台，滴定管夹。

2. 试剂和材料：$KMnO_4$ 标准滴定溶液（0.02mol·L$^{-1}$），$H_2SO_4$ 溶液（3mol·L$^{-1}$），双氧水试样（市售质量分数约为 30% 的 $H_2O_2$ 水溶液）。

## 【实验步骤】

用吸量管移取 1.00mL 双氧水试样，放入 250mL 容量瓶中，用水稀释至刻度，摇匀。

用移液管吸取上述试液 25.00mL，置于 250mL 锥形瓶中，加 5mL 3mol·L$^{-1}$ $H_2SO_4$，用 0.02mol·L$^{-1}$ $KMnO_4$ 标准滴定溶液滴定至溶液呈微红色，保持 30s 不褪色为终点。平行测定 3 次，计算试样中 $H_2O_2$ 的质量浓度（g·L$^{-1}$）和相对平均偏差。

## 【实验结果与数据处理】

双氧水含量测定的相关数据如下。

$$c_{KMnO_4} = \underline{\hspace{3cm}} mol \cdot L^{-1}$$

| 项目 | | 1 | 2 | 3 |
|---|---|---|---|---|
| 移取双氧水试样溶液/mL | | | | |
| $KMnO_4$ 溶液<br>体积/mL | 终读数 | | | |
| | 始读数 | | | |
| | 消耗体积 | | | |

续表

| 项目 | 1 | 2 | 3 |
|---|---|---|---|
| $\rho_{H_2O_2}$ /g·L$^{-1}$ | | | |
| $\rho_{H_2O_2}$ 平均值/g·L$^{-1}$ | | | |
| 相对平均偏差/% | | | |

计算公式：

$$\rho_{H_2O_2} = \frac{c_{KMnO_4} V_{KMnO_4} \times 10^{-3} \times M_{H_2O_2} \times \frac{250.00}{25.00}}{1.00 \times 10^{-3}} = 10 c_{KMnO_4} V_{KMnO_4} M_{H_2O_2}$$

**【实验注意事项】**

1. 控制溶液的酸度只能用 $H_2SO_4$，不能用 $HNO_3$ 或 HCl。

2. 不能通过加热来加速反应。

3. $Mn^{2+}$ 对滴定反应具有催化作用。滴定开始时反应缓慢，随着 $Mn^{2+}$ 的生成而加速。

4. 双氧水腐蚀性较强，注意不要接触皮肤。

**【思考题】**

1. 用 $KMnO_4$ 滴定法测定双氧水中 $H_2O_2$ 的含量，为什么要在酸性条件下进行？能否用 $HNO_3$ 或 HCl 代替 $H_2SO_4$ 调节溶液的酸度？为什么？

2. 用 $KMnO_4$ 溶液滴定双氧水时，溶液能否加热？为什么？

3. 为什么本实验要把市售双氧水稀释后才进行滴定？

4. 如果是测定工业品 $H_2O_2$，一般不用 $KMnO_4$ 法，因为产品中常加有少量乙酰苯胺等有机化合物作稳定剂，滴定时也将被 $KMnO_4$ 氧化，引起误差。请你设计一个更合理的实验方案？

**【e 网链接】**

1. http：//www. chinadmd. com/file/stecieprs6rx6ocrvvuwaupv_1. html

2. http：//www. docin. com/p-370737870. html

3. http：//www. doc88. com/p-893576919070. html

4. http：//www. chinabaike. com/z/keji/shiyanjishu/2011/0116/168252. html

5. http：//www. antpedia. com/? uid-6096-action-viewspace-itemid-14395

6. http：//chemlab. whu. edu. cn/chemcourse/fxhx/5/5-1-1. htm

# 实验 21　水中化学需氧量的测定

**【实验目的与要求】**

1. 初步了解水质分析的重要性及水样的采集和保存方法；

2. 了解水中化学需氧量（COD）与水体污染的关系；

3. 掌握高锰酸钾法测定水中 COD 的原理及操作方法;

4. 学会计算水样中的 COD。

**【实验原理】**

所谓化学需氧量,是指在一定的条件下,采用一定的强氧化剂处理水样时,所消耗的氧化剂量,以 $mg \cdot L^{-1}$ 为单位。它是表示水中还原性物质多少的一个指标。水中的还原性物质有各种有机物、亚硝酸盐、硫化物、亚铁盐等。但主要的是有机物。

化学需氧量往往作为衡量水中有机物质含量多少的指标。化学需氧量越大,说明水体受有机物的污染越严重。

目前应用最普遍的是酸性高锰酸钾氧化法与重铬酸钾氧化法。

高锰酸钾法,氧化率较低,但比较简便,仅适用与地表水、地下水、饮用水和生活污水中 COD 的测定。

具体原理如下。

在酸性溶液中,高锰酸钾具有很高的氧化性($MnO_4^-/Mn^{2+}=1.51V$),水溶液中的有机物都可以被氧化,但反应过程相当复杂,主要发生以下反应:

$$4MnO_4^- + 5C + 12H^+ =\!=\!= 4Mn^{2+} + 5CO_2 \uparrow + 6H_2O$$

过量的高锰酸钾标准溶液用过量的草酸钠标准溶液还原,再用高锰酸钾标准返滴定剩余的草酸钠标准溶液至微红色为终点。

$$2MnO_4^- + 5C_2O_4^{2-} + 16H^+ =\!=\!= 2Mn^{2+} + 10CO_2 \uparrow + 8H_2O$$

根据实验原理,测定结果的计算式为:

$$COD = \frac{\left[\frac{5}{4}c_{KMnO_4}(V_1+V_2)_{KMnO_4} - \frac{1}{2}c_{Na_2C_2O_4}V_{Na_2C_2O_4}\right] \times M_{O_2} \times 10^{-3}}{V_{水样}}$$

式中,$V_1$ 为第一次加入 $KMnO_4$ 标准溶液的体积;$V_2$ 为第二次加入 $KMnO_4$ 标准溶液的体积。

**【仪器、 试剂与材料】**

1. 仪器:电子天平,称量瓶,滴定管(50mL),容量瓶(250mL),移液管(25mL),烧杯(100mL、250mL、500mL),锥形瓶(250mL),量筒(10mL、50mL),洗耳球,玻璃棒,洗瓶,铁架台,滴定管夹,加热器等。

2. 试剂和材料

$0.02 mol \cdot L^{-1}$ 高锰酸钾标准溶液:配制方法及标定方法见实验 19。

$0.002 mol \cdot L^{-1}$ 高锰酸钾标准溶液:移取 25.00mL 约 $0.02 mol \cdot L^{-1}$ 高锰酸钾标准溶液 250mL 容量瓶中,加蒸馏水稀释至刻度,摇匀,贴标签,备用。

$0.005 mol \cdot L^{-1}$ 草酸钠标准溶液:精确称取在 105℃烘干 2h 并冷却的基准物质草酸钠 0.16~0.18g 于 100mL 小烧杯中,加入适量蒸馏水溶解后,定量转移至 250mL 容量瓶中,加蒸馏水稀释至刻度,摇匀,贴标签。按实际称取的质量来计算草酸钠溶液的准确浓度。

$6 mol \cdot L^{-1}$ 硫酸(1∶2 硫酸溶液)。

水样。

**【实验步骤】**

移取 10.00~100.00mL 水样于 250mL 锥形瓶中,用蒸馏水稀释至 100mL,加入

10.00mL 0.002mol·L$^{-1}$的高锰酸钾溶液，加入 10mL 1∶2 的硫酸溶液，加热煮沸。若此时红色褪去，说明水中有机物含量较高，应补加适量的高锰酸钾溶液至溶液呈稳定的红色。从冒第一个大泡开始计时，煮沸 10min，然后趁热加入 10.00mL 0.005mol·L$^{-1}$草酸钠溶液（此时溶液应为无色，若仍为红色，应再补加 5.00mL）。趁热用 0.002mol·L$^{-1}$ KMnO$_4$ 标准溶液至为红色。平行 3 次。

　　空白实验：另取 20.00mL 蒸馏水放入 250mL 锥形瓶中加至蒸馏水到 100mL，加入 10.00mL 0.002mol·L$^{-1}$的高锰酸钾溶液，加入 10mL 1∶2 的硫酸溶液，加热煮沸。

　　从冒第一个大泡开始计时，煮沸 10min，然后趁热加入 10.00mL 0.005mol·L$^{-1}$草酸钠溶液（此时溶液应为无色，若仍为红色，应再补加 5mL）。趁热用 0.002mol·L$^{-1}$ KMnO$_4$ 标准溶液至为红色。平行两次。计算耗氧量时，将空白值减去。

## 【实验结果与数据处理】

### 1. 标定标准溶液浓度相关数据

| 项目 | | 1 | 2 | 3 |
|---|---|---|---|---|
| Na$_2$C$_2$O$_4$ 固体/g | | | | |
| KMnO$_4$ 溶液体积/mL | 终读数 | | | |
| | 始读数 | | | |
| | 消耗体积 | | | |
| $c_{KMnO_4}$/mol·L$^{-1}$ | | | | |
| $\bar{c}_{KMnO_4}$/mol·L$^{-1}$ | | | | |
| 相对平均偏差/% | | | | |

计算公式：

$$c_{KMnO_4} = \frac{\frac{2}{5}m_{Na_2C_2O_4}}{M_{Na_2C_2O_4} \times \dfrac{V_{KMnO_4}}{1000}}$$

### 2. 测定 COD 的相关数据

| 项目 | | 1 | 2 | 3 |
|---|---|---|---|---|
| $V_{水样}$/mL | | | | |
| $V_{1(KMnO_4)}$/mL | | | | |
| $V_{Na_2C_2O_4}$/mL | | | | |
| KMnO$_4$ 溶液体积/mL | 终读数 | | | |
| | 始读数 | | | |
| | 消耗体积 $V_2$ | | | |
| COD 的平均值/mg·L$^{-1}$ | | | | |
| 空白值/mg·L$^{-1}$ | | | | |
| 校正后的 COD 的平均值/mg·L$^{-1}$ | | | | |

计算公式为：

$$COD = \frac{[\frac{5}{4}c_{KMnO_4}(V_1+V_2)_{KMnO_4} - \frac{1}{2}c_{Na_2C_2O_4}V_{Na_2C_2O_4}] \times M_{O_2} \times 10^{-3}}{V_{水样}}$$

**【实验注意事项】**

1. 水样的体积可以根据实际的水质情况增减。水样取用多少由外观可初步判断：洁净透明的水样取 100.00mL，污染严重、混浊的水样取 10.00～30.00mL，补加蒸馏水至 100.00mL。

2. 水样采集后，应加入 $H_2SO_4$，使 pH<2，以抑制微生物繁殖。水样应尽快分析，必要时保存于 0～5℃冰箱中，并且应在 48h 内测定。

**【思考题】**

1. 水样的采集及保存应当注意哪些事项？

2. 水样加入 $KMnO_4$ 煮沸后，若紫红色消失说明什么？应该采取什么措施？

3. 水样中 $Cl^-$ 含量较高时是，能否使用高锰酸钾法测定？为什么？

4. 测定 COD 的意义是什么？有哪些方法测定 COD？

**【e 网链接】**

1. http：//www.doc88.com/p-80392555436.html

2. http：//www.chemistry.sjtu.edu.cn/pdf/BasicExperiment/Exp8.pdf

3. http：//ce.sysu.edu.cn/Echemi/ac151/speknowledge/basic/data/COD.pdf

4. http：//www.docin.com/p-213297711.html

# 实验 22  硫代硫酸钠溶液的配制与标定

**【实验目的与要求】**

1. 熟悉 $Na_2S_2O_3$ 溶液的配制原理及配制方法；

2. 掌握 $Na_2S_2O_3$ 溶液的标定原理及操作方法；

3. 了解淀粉指示剂的作用原理；

4. 掌握碘量瓶的使用方法。

**【实验原理】**

1. $Na_2S_2O_3$ 溶液的配制原理

市售的分析纯硫代硫酸钠试剂（$Na_2S_2O_3 \cdot 5H_2O$）容易风化，一般均含有少量 S、$Na_2S$、$Na_2SO_3$、$Na_2SO_4$ 等杂质，而且 $Na_2S_2O_3$ 溶液也不稳定，容易分解，因此不能直接配制成标准溶液。这是由以下原因造成的。

（1）与溶于蒸馏水中的 $CO_2$ 的作用：水中的 $CO_2$ 使溶液呈弱酸性，而 $Na_2S_2O_3$ 在弱酸性溶液中会缓慢分解。

$$Na_2S_2O_3 + CO_2 + H_2O = NaHSO_3 + NaHCO_3 + S\downarrow$$

（2）微生物的作用：水中的微生物会消耗 $Na_2S_2O_3$ 中的 S，使 $Na_2S_2O_3$ 分解为 $Na_2SO_3$，这是 $Na_2S_2O_3$ 浓度变化的主要原因。

$$Na_2S_2O_3 = Na_2SO_3 + S\downarrow$$

（3）空气中的氧化作用：此反应的速度较慢，但微量 $Cu^{2+}$、$Fe^{3+}$ 的存在能加速此反应的进行。

$$2Na_2S_2O_3 + O_2 === 2Na_2SO_4 + 2S \downarrow$$

因此，配制 $Na_2S_2O_3$ 标准溶液时，应当用新煮沸并冷却的蒸馏水，以除去水中溶解的 $CO_2$ 和 $O_2$ 并杀死微生物；加少量的 $Na_2CO_3$ 使溶液呈碱性（pH＝9～10）以抑制微生物的生长；溶液应贮存于棕色试剂瓶中并置于暗处以防止光照分解；配好的溶液应放置一周后再进行标定。如果发现溶液变混浊表示有 S 析出，应弃去重新配制。

2. $Na_2S_2O_3$ 溶液浓度的标定原理

标定 $Na_2S_2O_3$ 溶液可用 $I_2$、$KBrO_3$、$KIO_3$、$K_2Cr_2O_7$、纯铜等基准物质，一般采用间接法进行标定。通常用 $K_2Cr_2O_7$（其摩尔质量为 294.18）标定，因为 $K_2Cr_2O_7$ 和 $Na_2S_2O_3$ 的反应产物有多种，不能按确定的反应进行，故不能用 $K_2Cr_2O_7$ 直接滴定，先在酸性溶液中 $K_2Cr_2O_7$ 与过量的 KI 反应：

$$Cr_2O_7{}^{2-} + 6I^- + 14H^+ === 2Cr^{3+} + 3I_2 + 7H_2O$$

析出与 $K_2Cr_2O_7$ 剂量相当的 $I_2$，以淀粉作指示剂，用 $Na_2S_2O_3$ 溶液进行滴定：

$$I_2 + 2S_2O_3^{2-} === 2I^- + S_4O_6^{2-}$$

根据反应式有：$n(K_2Cr_2O_7) : n(I_2) : n(S_2O_3^{2-}) = 1 : 3 : 6$，通过消耗 $K_2Cr_2O_7$ 的物质的量，$Na_2S_2O_3$ 溶液的体积，即可求算出 $Na_2S_2O_3$ 的浓度。

**【仪器、 试剂与材料】**

1. 仪器：电子天平，称量瓶，滴定管（50mL），容量瓶（250mL），移液管（25mL），烧杯（100mL、250mL、500mL），碘量（250mL），量筒（10mL、50mL），洗耳球，玻璃棒，洗瓶，铁架台，滴定管夹等。

2. 试剂和材料：硫代硫酸钠晶体（分析纯），碳酸钠（分析纯），重铬酸钾（基准物质），KI 溶液（100g·$L^{-1}$，使用前配制），淀粉溶液（5g·$L^{-1}$），HCl（6mol·$L^{-1}$）。

**【实验步骤】**

1. $Na_2S_2O_3$ 溶液的配制

称取 8g $Na_2S_2O_3 \cdot 5H_2O$ 于烧杯中，加入 300mL 新煮沸经冷却的蒸馏水，溶解后，加入约 0.05g $Na_2CO_3$，将溶液贮存于棕色试剂瓶中，暗处放置一周后标定。

2. $K_2Cr_2O_7$ 标准溶液的配制

称取 1.2～1.3g 于 140℃烘至恒重的基准重铬酸钾，称准至 0.0001g，置于烧杯中，溶于适量水，定量转移至 250mL 的容量瓶中，稀释定容至刻度，摇匀。

3. $Na_2S_2O_3$ 溶液的标定

准确移取 $K_2Cr_2O_7$ 标准溶液 25.00mL 于碘量瓶中，加入 5mL 6mol·$L^{-1}$ HCl 溶液，加入 10mL 100g·$L^{-1}$ KI 溶液，摇匀，磨口塞水封，于暗处放置 5min。加 100mL 蒸馏水，用配制好的硫代硫酸钠溶液（0.1mol·$L^{-1}$）滴定至溶液呈黄绿色（接近终点）时，加 2mL 5g·$L^{-1}$ 淀粉指示剂，继续滴定至溶液蓝色刚好消失，并变为亮绿色，即为终点。平行标定三次。

**【实验结果与数据处理】**

重铬酸钾标定硫代硫酸钠溶液的相关数据如下。

| 项目 | 1 | 2 | 3 |
|---|---|---|---|
| 重铬酸钾/g | | | |
| $c_{K_2Cr_2O_7}$/mol·$L^{-1}$ | | | |

续表

| 项目 | | 1 | 2 | 3 |
|---|---|---|---|---|
| Na₂S₂O₃ 溶液 体积/mL | 终读数 | | | |
| | 始读数 | | | |
| | 消耗体积 | | | |
| $c_{Na_2S_2O_3}$/mol·L$^{-1}$ | | | | |
| $\overline{c}_{Na_2S_2O_3}$/mol·L$^{-1}$ | | | | |
| 相对平均偏差/% | | | | |

计算公式：

$$c_{K_2Cr_2O_7} = \frac{100m_{K_2Cr_2O_7}}{M_{K_2Cr_2O_7}V} \qquad c_{Na_2S_2O_3} = \frac{6c_{K_2Cr_2O_7}V_{K_2Cr_2O_7}}{V_{Na_2S_2O_3}}$$

【实验注意事项】

1. $K_2Cr_2O_7$ 与 KI 反应速度较慢，为了加速反应，必须加入过量的 KI 并提高溶液的酸度。但酸度太高又会加速空气中的 $O_2$ 氧化 $I^-$ 而生成 $I_2$，增大滴定误差，一般控制酸度为 0.4mol·L$^{-1}$ 左右，并在暗处放置 5min 使反应定量完成。

2. 滴定前加蒸馏水稀释溶液以降低酸度，减少空气中的 $O_2$ 对 $I^-$ 的氧化。

3. 配制淀粉溶液要用沸水，否则淀粉很难溶解，也很难配制出澄清的淀粉溶液。

4. 必须临近滴定终点时加入淀粉指示剂。

5. 如果滴定到终点以后，溶液迅速变蓝，表示 $K_2Cr_2O_7$ 反应不完全，可能是放置时间不够，遇此情况，应重做。

【思考题】

1. 如何配制和保存 $I_2$ 溶液？配制 $I_2$ 溶液时为什么要滴加 KI？

2. 如何配制和保存 $Na_2S_2O_3$ 溶液？

3. 用 $K_2Cr_2O_7$ 作基准物质标定 $Na_2S_2O_3$ 溶液时，为什么要加入过量的 KI 和 HCl 溶液？为什么要放置一定时间后才能加水稀释？为什么在滴定前还要加水稀释？

【e 网链接】

1. http://www.360doc.com/content/11/0428/19/4649516_112991824.shtml

2. http://www.doc88.com/p-118691407966.html

3. http://www.aqxx.org/html/2012/02/12/11111044385.shtml

4. http://www.docin.com/p-486349210.html

5. http://www.doc88.com/p-384629151100.html

6. http://www.doc88.com/p-45323862885.html

# 实验 23　间接碘量法测定胆矾中铜的含量

【实验目的与要求】

1. 掌握间接碘量法测定胆矾中铜含量的原理和方法；

2. 了解碘量法测定过程中误差的来源及减小的方法；

3. 熟悉间接碘量法中淀粉指示剂的使用。

**【实验原理】**

胆矾（$CuSO_4 \cdot 5H_2O$）是农药波尔多液的主要原料。胆矾中铜的含量常用间接碘量法测定。在微酸性介质中，$Cu^{2+}$ 与 $I^-$ 作用，生成 CuI 沉淀，并析出 $I_2$，其反应为：

$$2Cu^{2+} + 4I^- \Longrightarrow 2CuI\downarrow + I_2$$
$$I_2 + I^- \Longrightarrow I_3^-$$

$Cu^{2+}$ 与 $I^-$ 间的反应是可逆的，为使 $Cu^{2+}$ 之间的反应趋于完全，需加入过量的 KI，但由于生成的 CuI 沉淀强烈地吸附 $I_3^-$，又会使结果偏低。欲减少 CuI 沉淀对 $I_3^-$ 的吸附，当用 $Na_2S_2O_3$ 滴定 $I_2$ 接近终点时，可加入 KSCN，使 CuI 转化为溶解度更小的 CuSCN 沉淀，其反应式为：

$$CuI + SCN^- \Longrightarrow CuSCN\downarrow + I^-$$

CuSCN 对 $I_3^-$ 的吸附较困难，使 $Cu^{2+}$ 与 $I^-$ 之间的反应趋于完全。

$Cu^{2+}$ 与 $I^-$ 作用生成的 $I_2$，用 $Na_2S_2O_3$ 标准溶液滴定，以淀粉为指示剂，滴定至溶液的蓝色刚好消失，即为终点。根据 $Na_2S_2O_3$ 标准溶液的浓度、滴定时所耗用的体积及试样的质量，可计算出试样中铜的含量。

$Cu^{2+}$ 与 $I^-$ 作用时，溶液的 pH 值一般控制在 3～4 之间。酸度过低，$Cu^{2+}$ 易水解，使反应不完全，结果偏低；酸度过高，易被空气中的氧氧化成 $I_2$，使结果偏高。控制溶液酸度常采用稀 $H_2SO_4$ 或 HAc，而不用 HCl，因为 $Cu^{2+}$ 易与 $Cl^-$ 生成配离子。

若 $Fe^{3+}$ 存在时，可发生反应：

$$2Fe^{3+} + 2I^- \Longrightarrow 2Fe^{2+} + I_2$$

而使测定结果偏高。为消除 $Fe^{3+}$ 的干扰，可加入 $NH_4HF_2$，使形成稳定的 $FeF_6^{3-}$。

**【仪器、 试剂与材料】**

1. 仪器：电子天平，称量瓶，滴定管（50mL），容量瓶（250mL），移液管（25mL），烧杯（100mL、250mL、500mL），锥形瓶（250mL），量筒（10mL、50mL），洗耳球，玻璃棒，洗瓶，铁架台，滴定管夹等。

2. 试剂和材料：胆矾（分析纯），KI 溶液（$100g \cdot L^{-1}$，使用前配制），KSCN 溶液（$100g \cdot L^{-1}$），淀粉溶液（$5g \cdot L^{-1}$），$H_2SO_4$（$6mol \cdot L^{-1}$），20% $NH_4HF_2$ 溶液。

**【实验步骤】**

1. $0.1mol \cdot L^{-1}$ $Na_2S_2O_3$ 溶液的配制与标定：请参考实验 22。

2. 胆矾中铜含量的测定

称取胆矾试样 0.5～0.6g 于 250mL 锥形瓶中，加入 5mL $6mol \cdot L^{-1}$ $H_2SO_4$ 溶液及 100mL 蒸馏水溶解，加入 5mL 20% $NH_4HF_2$ 溶液与 10mL $100g \cdot L^{-1}$ KI 溶液，立即用硫代硫酸钠标准溶液滴定至浅土黄色，再加入 2mL $5g \cdot L^{-1}$ 淀粉指示剂，继续滴定至浅蓝色，加入 10mL $100g \cdot L^{-1}$ KSCN 溶液，滴定至蓝色消失为终点。此时，溶液为乳白色或乳黄色。平行测定 3 次。

**【实验结果与数据处理】**

胆矾中铜含量的测定的相关数据如下。

| 项目 | | 1 | 2 | 3 |
|---|---|---|---|---|
| 胆矾/g | | | | |
| Na₂S₂O₃ 溶液<br>体积/mL | 终读数 | | | |
| | 始读数 | | | |
| | 消耗体积 | | | |
| $w_{Cu}$/% | | | | |
| $\overline{w}_{Cu}$/% | | | | |
| 相对平均偏差/% | | | | |

计算公式：

$$w_{Cu} = \frac{c_{Na_2S_2O_3} V_{Na_2S_2O_3} M_{Cu}}{1000m_s} \times 100\%$$

**【实验注意事项】**

1. 溶液 pH 值应严格控制在 3.0~4.0 之间。

2. 加入 KI 后，析出 I₂ 的速度很快，故应立即滴定。

3. 淀粉指示剂加入时机应是滴定至浅黄色，而 NH₄SCN 加入的时机应是临近终点。

4. 实验所用试剂的种类较多，并且加入的先后顺序不能错，对每种试剂应配备专用容器。

5. NH₄HF₂ 对玻璃有腐蚀作用，测定结束后，应立即把锥形瓶中的溶液倒去并洗净。

**【思考题】**

1. 碘量法测定铜时，为什么常加入 NH₄HF₂？为什么临近终点时加入 NH₄SCN（或 KSCN）？

2. 碘量法测定铜为什么要在弱酸性介质中进行？在用 K₂Cr₂O₇ 标定 Na₂S₂O₃ 溶液时，先加入 5mL 6mol·L⁻¹ HCl 溶液，而用 Na₂S₂O₃ 溶液滴定时却要加入 100mL 蒸馏水稀释，为什么？

**【e 网链接】**

1. http：//www.doc88.com/p-941592725654.html

2. http：//www.zhku.edu.cn/zhongxin/shouye/jxnrs/xxnr/4/6.htm

3. http：//www.chinadmd.com/file/eaouvzxcxoeiacz6ewatrsvz_1.html

4. http：//www.docin.com/p-442732622.html

5. http：//jpkc.yzu.edu.cn/course2/dxhxsy/Show.asp?id=126&TypeId=13

# 实验 24  碘标准溶液的配制与标定

**【实验目的与要求】**

1. 熟悉碘标准溶液的配制原理和方法；

2. 掌握碘标准溶液的标定原理和方法；

3. 理解碘量法的主要误差来源。

## 【实验原理】

用升华法可以制得纯度很高的碘单质，它可以作为基准物质直接配制标准溶液。但通常使用的市售 $I_2$ 纯度不高，需先配成近似浓度，然后再对所配溶液进行标定。

$I_2$ 微溶于水而易溶于 KI 溶液中，但在稀 KI 溶液中溶解得很慢，因此在配制 $I_2$ 溶液时应先在较浓 KI 溶液中进行，待完全溶解后再稀释到所需浓度。

$I_2$ 溶液可以用基准物质 $As_2O_3$ 和 $Na_2S_2O_3$ 标准溶液行标定，但是 $As_2O_3$（俗称砒霜）有剧毒，故常用 $Na_2S_2O_3$ 标准溶液进行标定。标定反应为：

$$I_2 + 2Na_2S_2O_3 \rule[0.5ex]{1.5em}{0.4pt}\!\!=\!\!\rule[0.5ex]{1.5em}{0.4pt} 2NaI + Na_2S_4O_6$$

采用淀粉作指示剂。

## 【仪器、试剂与材料】

1. 仪器：电子天平，称量瓶，滴定管（50mL），容量瓶（250mL），移液管（25mL），烧杯（100mL、250mL、500mL），锥形瓶（250mL），量筒（10mL、50mL），洗耳球，玻璃棒，洗瓶，铁架台，滴定管夹，棕色试剂瓶，棕色试剂瓶，研钵。

2. 试剂和材料：$I_2(s)$、$KI(s)$，$Na_2S_2O_3$ 标准溶液（$0.1 mol \cdot L^{-1}$），淀粉溶液（$5g \cdot L^{-1}$）。

## 【实验步骤】

1. $0.05 mol \cdot L^{-1}$ 碘溶液的粗配

在通风橱中称取 3.3g $I_2$ 与 5g KI 置于研钵中，加入少量水研磨，待 $I_2$ 完全溶解后，将溶液转入棕色试剂瓶中，加水稀释至 250mL，摇匀。

2. $I_2$ 标准溶液的标定

用移液管移取 25.00mL $Na_2S_2O_3$ 标准溶液于 250mL 锥形瓶中，加 50mL 蒸馏水，再加入 $5g \cdot L^{-1}$ 淀粉溶液 5mL，用 $I_2$ 溶液滴定至稳定的蓝色（30s 不褪色），即为终点。平行标定 3 次，计算 $I_2$ 溶液的浓度。

## 【实验结果与数据处理】

碘标准溶液的标定的相关数据如下。 $c_{Na_2S_2O_3} = $ _____ $mol \cdot L^{-1}$

| 项目 | | 1 | 2 | 3 |
|---|---|---|---|---|
| 移取硫代硫酸钠体积/mL | | | | |
| $I_2$ 溶液<br>体积/mL | 终读数 | | | |
| | 始读数 | | | |
| | 消耗体积 | | | |
| $c_{I_2}/mol \cdot L^{-1}$ | | | | |
| $\overline{c}_{I_2}/mol \cdot L^{-1}$ | | | | |
| 相对平均偏差/% | | | | |

计算公式：

$$c_{I_2} = \frac{\frac{1}{2}c_{Na_2S_2O_3} V_{Na_2S_2O_3}}{V_{I_2}}$$

**【实验注意事项】**

1. 碘单质挥发性大且碘蒸气有毒，故应在通风橱中配制 $I_2$ 溶液。

2. $I_2$ 溶液的颜色较深，对滴定管中溶液读数时应以液面的上沿最高线为准（即读液面的边缘）。

3. 由于碘和淀粉形成的配合物，其颜色与淀粉结构有关，支链淀粉多与碘形成蓝色，灵敏度高，而支链淀粉多与碘形成红紫色，观察终点时要注意。

**【思考题】**

1. 配制碘标准溶液时为什么要加过量的 KI？

2. 标定 $I_2$ 溶液时，既可以用 $Na_2S_2O_3$ 滴定 $I_2$ 溶液，也可以用 $I_2$ 滴定 $Na_2S_2O_3$ 溶液，且都采用淀粉指示剂。但在两种情况下加入淀粉指示剂的时间是否相同？为什么？

**【e 网链接】**

1. http：//www. doc88. com/p-384629151100. html

2. http：//www. docin. com/p-53753480. html

3. http：//www. chinabaike. com/z/yiqi/2011/0614/980320. html

4. http：//www. doc88. com/p-99099080914. html

5. http：//www. doc88. com/p-009202189676. html

6. http：//www. doc88. com/p-332774254562. html

# 实验 25　维生素 C 药片中维生素 C 含量的测定

**【实验目的与要求】**

1. 了解维生素 C 的重要生理作用；

2. 通过维生素 C 的含量测定，熟悉直接碘量法的基本原理及操作过程；

3. 熟悉淀粉指示剂的配制方法。

**【实验原理】**

维生素 C 是一种对生物体具有重要的营养、调节和医疗作用的生物活性物质。维生素 C 缺乏时会产生坏血病，故又称抗坏血酸，属水溶性维生素。

结晶抗坏血酸在空气中稳定，但它在水溶液中易被空气和其他氧化剂氧化，生成脱氢抗坏血酸；在碱性条件下易分解，见光加速分解；在弱酸条件中较稳定。由于维生素 C 的还原性很强，在空气中极易被氧化，尤其是在碱性介质中，测定时加入 HAc 使溶液呈弱酸性，减少维生素 C 的副反应。

由于维生素 C 分子中的烯二醇基具有还原性，能被 $I_2$ 定量氧化成二酮基。滴定反应式如下：

$$C_6H_8O_6 + I_2 =\!=\!= C_6H_6O_6 + 2HI$$

用直接碘量法可以测定饮料、蔬菜、水果、药片、注射液等中的维生素 C 的含量。

**【仪器、 试剂与材料】**

1. 仪器：电子天平，称量瓶，滴定管（50mL），容量瓶（250mL），移液管（25mL），烧杯（100mL、250mL、500mL），锥形瓶（250mL），量筒（10mL、50mL），洗耳球，玻璃棒，洗瓶，铁架台，滴定管夹。

2. 试剂和材料：维生素 C 药片，$I_2$ 标准溶液（约 $0.05\,mol\cdot L^{-1}$），淀粉溶液（$5g\cdot L^{-1}$），HAc 溶液（$2\,mol\cdot L^{-1}$）。

**【实验步骤】**

准确称取维生素 C 药片 $0.2\sim0.4g$ 抗坏血酸试样于 250mL 锥形瓶中，加入煮沸过的冷蒸馏水 100mL，加入 $2\,mol\cdot L^{-1}$ HAc 溶液 10mL 使其溶解，再加入 $5g\cdot L^{-1}$ 淀粉溶液 5mL，立即用碘标准溶液滴定至溶液呈现稳定的蓝色即为终点。平行测定 3 次。计算碘标准溶液的浓度。

**【实验结果与数据处理】**

抗坏血酸含量的测定的相关数据如下。

$$c_{I_2} = \underline{\hspace{3cm}} \ mol\cdot L^{-1}$$

| 项目 | | 1 | 2 | 3 |
|---|---|---|---|---|
| 维生素 C 样品/g | | | | |
| $I_2$ 溶液体积/mL | 终读数 | | | |
| | 始读数 | | | |
| | 消耗体积 | | | |
| $w_{维生素C}/\%$ | | | | |
| $\overline{w}_{维生素C}/\%$ | | | | |
| 相对平均偏差/% | | | | |

计算公式：

$$w_{维生素C} = \frac{c_{I_2} V_{I_2} \times 10^{-3} M_{维生素C}}{m_s} \times 100\%$$

**【实验注意事项】**

1. 维生素 C 药片称量之前需研磨成粉末状。

2. 由于蒸馏水中含有溶解氧，所以一定要煮沸除去大部分氧气。否则抗坏血酸极易被氧化，使测定结果偏低。

3. 维生素 C 有较强的还原性，遇空气、$FeCl_3$、$I_2$、$KMnO_4$ 等都可氧化，所以不要使其暴露于空气中。

**【思考题】**

1. 维生素 C 固体试样的溶解，为什么采用新煮沸并冷却的蒸馏水？

2. 测定抗坏血酸样品时，为什么要在 HAc 介质中进行？如果在强酸性或强碱性条件下进行，分别有什么结果？

**【e 网链接】**

1. http://www.docin.com/p-545173828.html

2. http：//dugelin. blog. 163. com/blog/static/112740964 20111 13144358489/

3. http：//www. seekbio. com/biotech/exp/Plants/2013/849502989. html

4. http：//zy. swust. net. cn/13/1/wjjfxhx/syzds/part2/page _ 8. htm

# 实验 26　铁矿石中全铁含量的测定

## 【实验目的与要求】

1. 掌握铁矿石试样的分解方法和操作技术；

2. 掌握 $SnCl_2$-$TiCl_3$-$Cr_2O_7$ 测铁法及无汞测铁法测定铁矿石中铁含量的基本原理和操作技术；

3. 掌握直接法配制标准溶液。

## 【实验原理】

经典的重铬酸钾法测定铁准确、简便，但每份试液需加入 10mL $HgCl_2$，即有约 40mg 汞将排入下水道，造成严重的环境污染。近年来，为了避免汞盐的污染，研究了多种不用汞盐的分析方法。本实验采用 $TiCl_3$-$K_2Cr_2O_7$ 法。铁矿石中的铁以氧化物形式存在。试样用硫-磷混合酸溶解后，先用还原性较强的 $SnCl_2$ 还原大部分 $Fe^{3+}$，然后以 $Na_2WO_4$ 为指示剂，用还原性较弱的 $TiCl_3$ 还原剩下的 $Fe^{3+}$：

$$2Fe^{3+}（大量）+SnCl_4^{2-}（不足）+2Cl^- =\!\!= 2Fe^{2+}+SnCl_6^{2-}（至浅黄）$$

$$Fe^{3+}（余）+Ti_3+H_2O=\!\!=Fe^{2+}+TiO^{2+}+2H^+（钨酸钠指示剂变成钨蓝）$$

$Fe^{3+}$ 定量还原为 $Fe^{2+}$ 后，过量的一滴 $TiCl_3$ 立即将作为指示剂的六价钨（无色）还原为蓝色的五价钨化合物（俗称钨蓝），使溶液呈蓝色，然后用少量 $K_2Cr_2O_7$ 溶液将过量的 $TiCl_3$ 氧化，并使"钨蓝"被氧化而消失。随后，以二苯胺磺酸钠作指示剂，用 $K_2Cr_2O_7$ 标准溶液滴定试液中的 $Fe^{2+}$，以测得铁的含量。

滴定过程生成的 $Fe^{3+}$ 呈黄色，影响终点的判断，可加入 $H_3PO_4$，使之与 $Fe^{3+}$ 生成无色 $[Fe(PO_4)_2]^{3-}$，减小 $Fe^{3+}$ 浓度，同时，可降低 $Fe^{3+}$/$Fe^{2+}$ 电对的电极电位，使滴定终点时指示剂变色电位范围与反应物的电极电位具有更接近的 $\varphi$ 值（$\varphi=0.85V$），获得更好的滴定结果。

重铬酸钾法是测铁的国家标准方法。在测定合金、矿石、金属盐及硅酸盐等的含铁量时具有很大实用价值。

## 【仪器、 试剂与材料】

1. 仪器：电子天平，称量瓶，滴定管（50mL），容量瓶（250mL），移液管（25mL），烧杯（100mL、250mL、500mL），锥形瓶（250mL），量筒（10mL、50mL），洗耳球，玻璃棒，洗瓶，铁架台，滴定管夹等。

2. 试剂和材料：$K_2Cr_2O_7$ 基准物质，HCl 溶液（1:1），0.2%二苯胺磺酸钠溶液。

1:1硫磷混合酸：将 150mL 浓 $H_2SO_4$ 缓缓加入 700mL 水中，冷却后再加入 150mL $H_3PO_4$，混匀。

10%$SnCl_2$：称取 10g $SnCl_2 \cdot 2H_2O$ 溶于 100mL 1:1 HCl 中，临用时配制。

1.5％TiCl$_3$ 溶液：取 1.5mL 原瓶装 TiCl$_3$，用 1∶4 HCl 稀释至 100mL，加少量无砷锌粒，放置过夜使用。

10％Na$_2$WO$_4$：称取 10g Na$_2$WO$_4$ 溶于适量水中，若浑浊应过滤，加入 5mL 浓 H$_3$PO$_4$，加水稀释至 100mL。

## 【实验步骤】

1. 0.02mol·L$^{-1}$ K$_2$Cr$_2$O$_7$ 标准溶液的配制

准确称取 K$_2$Cr$_2$O$_7$ 基准试剂 1.3～1.5g 于烧杯中，加适量水溶解后定量转入 250mL 容量瓶中，用水稀释至刻度，充分摇匀，计算其准确浓度。

2. 铁的测定

准确称取 0.8～1.0g 含铁试样于锥形瓶中，用少量水润湿，加入 1∶1 盐酸 5mL，盖上表面皿，低温加热至溶解，用少量水冲洗表面皿及瓶壁，加热近沸，趁热（为什么？）滴加 SnCl$_2$ 溶液至溶液呈浅黄色，再用少量水冲洗瓶壁后，加入硫磷混合酸 15mL、Na$_2$WO$_4$ 溶液 6～8 滴，边滴加 TiCl$_3$ 溶液边摇动锥形瓶。至溶液刚出现蓝色，再过量 1～2 滴，加水 50mL，摇匀，放置约 30s，用 K$_2$Cr$_2$O$_7$ 标准溶液滴定至蓝色退去（是否要记读数？），放置约 1min，加 5～6 滴二苯胺磺酸钠指示剂，用 K$_2$Cr$_2$O$_7$ 滴定至溶液呈稳定的紫色，即为终点。平行测定 3 次，计算铁矿石中铁的质量分数。

## 【实验结果与数据处理】

铁含量测定相关数据如下。

| 项目 | | 1 | 2 | 3 |
|---|---|---|---|---|
| 含铁试样/g | | | | |
| 重铬酸钾/g | | | | |
| 重铬酸钾溶液定容体积/mL | | | | |
| K$_2$Cr$_2$O$_7$ 溶液 体积/mL | 终读数 | | | |
| | 始读数 | | | |
| | 消耗体积 | | | |
| $w_{Fe}$/% | | | | |
| $\overline{w}_{Fe}$/% | | | | |
| 相对平均偏差/% | | | | |

计算公式：

$$c_{K_2Cr_2O_7} = \frac{1000 m_{K_2Cr_2O_7}}{M_{K_2Cr_2O_7} \times 250.00} = \frac{4 m_{K_2Cr_2O_7}}{M_{K_2Cr_2O_7}}$$

$$w_{Fe} = \frac{6 c_{K_2Cr_2O_7} V_{K_2Cr_2O_7} \times 10^{-3} M_{Fe}}{m_s} \times 100\%$$

## 【实验注意事项】

1. 在定量还原 Fe$^{3+}$ 的酸度下，单独用 SnCl$_2$ 不能将六价钨还原成五价钨，故溶液无明显的颜色变化，不能准确控制 SnCl$_2$ 的用量，且过量的 SnCl$_2$ 也没有合适的消除方法；若单独使用 TiCl$_3$，将引入较多的钛盐，当用水稀释时，易出现大量四价钛盐沉淀，影响测定，

故常将 $TiCl_3$ 与 $SnCl_2$ 联合使用。

2. 温度太高会造成 $FeCl_3$ 部分挥发而损失。

3. 尽可能使大部分 $Fe^{3+}$ 被 $Sn(Ⅱ)$ 还原，否则加入 $TiCl_3$ 过多，生成的 $Ti(Ⅳ)$ 易水解，但也不能过量，否则结果偏高，若不慎过量，可滴加 $2\%KMnO_4$ 至浅黄色。

4. 用 $TiCl_3$ 还原时的温度应控制在 $30\sim60℃$，若温度低于 $20℃$ 则变色缓慢。

5. 在硫磷混合酸中滴加 $K_2Cr_2O_7$ 溶液，"钨蓝"褪色较慢，应慢慢滴入并不断摇动。滴得过快，容易过量，使结果偏低。此外，一定要等"钨蓝"褪色 $30\sim60s$ 后才能滴定，否则会因 $TiCl_3$ 未被完全氧化而消耗 $K_2Cr_2O_7$ 溶液，导致结果偏高。

6. 特别注意，用 $SnCl_2$ 还原 $Fe^{3+}$ 至 $Fe^{2+}$ 后，预处理一份就立即滴定一份，而不能同时预处理几份后，再一份一份地滴定（为什么?）。

【思考题】

1. 还原 $Fe^{3+}$ 时，为什么要使用两种还原剂? 可否只使用一种?

2. 二苯胺磺酸钠指示剂的用量对测定有无影响?

3. 为什么可以准确称量后，准确定容直接配制准确浓度的标准溶液?

【e 网链接】

1. http://www.docin.com/p-331633093.html

2. http://www.mining120.com/html/1103/20110310_22716.asp

3. http://www.doc88.com/p-789477698769.html

4. http://chem.jsu.edu.cn/chemlab/showart.asp?id=27

5. http://www.chinabaike.com/z/keji/ck/648262.html

6. http://d.wanfangdata.com.cn/Periodical_kxsd201303059.aspx

# 实验 27 溴酸钾法测定苯酚含量

【实验目的与要求】

1. 了解溴酸钾法测定苯酚的原理和方法;

2. 学会配制溴酸钾-溴化钾标准溶液;

3. 学会较复杂计算公式的推导。

【实验原理】

苯酚是煤焦油的主要成分之一，广泛应用于消毒、杀菌，并作为高分子材料、染料、医药、农药合成的原料。苯酚的生产和应用会造成环境污染，因此它也是常规环境检测的主要项目之一。

一般使用溴酸钾法测定苯酚的含量。

$KBrO_3$ 与 $KBr$ 在酸性介质中反应，定量地产生 $Br_2$，$Br_2$ 与苯酚发生取代反应生成 $2,4,6$-三溴苯酚，剩余的 $Br_2$ 用过量 $KI$ 还原，析出的 $I_2$ 以 $Na_2S_2O_3$ 标准溶液滴定，反应式如下:

$$BrO_3^- + 5Br^- + 6H^+ \Longrightarrow 3Br_2 + 3H_2O$$

$$Br_2 + 2I^- \Longrightarrow I_2 + 2Br^-$$

$$I_2 + 2S_2O_3^{2-} \Longrightarrow 2I^- + S_4O_6^{2-}$$

因此，计量关系为：$C_6H_5OH \sim BrO_3^- \sim 3Br_2 \sim 3I_2 \sim 6S_2O_3^{2-}$

$Na_2S_2O_3$ 通常用基准物质或纯铜标定，本实验为了与测定苯酚的条件一致，采用 $KBrO_3$-$KBr$ 标定，其实验过程与上述测定过程相同，只是以水代替苯酚试样进行实验。

### 【仪器、试剂与材料】

1. 仪器：电子天平，碱式滴定管，试剂瓶，移液管，碘量瓶，容量瓶，烧杯，量筒，台秤。

2. 试剂和材料：苯酚试样，$Na_2S_2O_3$ 溶液（0.05mol·L$^{-1}$），淀粉溶液（5g·L$^{-1}$），KI溶液（1mol·L$^{-1}$），HCl溶液（6mol·L$^{-1}$），NaOH溶液（2mol·L$^{-1}$），苯酚。

### 【实验步骤】

1. $KBrO_3$-$KBr$ 标准溶液的配制（$c_{KBrO_3} = 0.02000$ mol·L$^{-1}$）

准确称取 0.8350g $KBrO_3$ 置于小烧杯中，加入 4g KBr，用蒸馏水溶解后，定量转移至 250mL 容量瓶中，用蒸馏水稀释至刻度，摇匀。

2. $Na_2S_2O_3$ 溶液的标定

准确移取 $KBrO_3$-$KBr$ 标准溶液 25.00mL 于碘量瓶中，加入 25mL 蒸馏水、10mL 6mol·L$^{-1}$ HCl 溶液，摇匀，盖上表面皿，放置 5~8min，加入 20mL 1mol·L$^{-1}$ KI 溶液，盖上表面皿，在避光放置 5~8min。然后用待标定的 $Na_2S_2O_3$ 溶液滴定至浅黄色，加入 2mL 5g·L$^{-1}$ 淀粉溶液，继续滴定至蓝色消失即为终点。平行测定 3 次，计算 $Na_2S_2O_3$ 溶液的准确浓度。

3. 苯酚试样的测定

准确称取 0.2~0.3g 苯酚试样于 100mL 烧杯中，加入 5mL 2mol·L$^{-1}$ NaOH 溶液和少量蒸馏水，待苯酚溶解后，定量转入 250mL 容量瓶中，加蒸馏水至刻度，摇匀。

移取 10.00mL 苯酚试样于 250mL 碘量瓶中，用移液管加入 25.00mL 0.02000mol/L $KBrO_3$-$KBr$ 标准溶液，然后加入 10mL 6mol·L$^{-1}$ HCl 溶液，充分摇动 2min，使 2,4,6-三溴苯酚沉淀完全分散后，盖上表面皿，再放置 5min，加入 20mL 1mol·L$^{-1}$ KI 溶液，暗处放置 5~8min 后，用 $Na_2S_2O_3$ 标准溶液滴定至浅黄色。加入 2mL 5g·L$^{-1}$ 淀粉溶液，继续滴定至蓝色消失即为终点。平行测定 3 次，计算苯酚试样中苯酚的质量分数。

### 【实验结果与数据处理】

1. 标定 $Na_2S_2O_3$ 溶液浓度相关数据

| 项目 | 1 | 2 | 3 |
| --- | --- | --- | --- |
| $c_{KBrO_3\text{-}KBr}$/mol·L$^{-1}$ | | | |
| $V_{KBrO_3\text{-}KBr}$/mL | | | |

续表

| 项目 | | 1 | 2 | 3 |
|---|---|---|---|---|
| Na₂S₂O₃ 溶液体积/mL | 终读数 | | | |
| | 始读数 | | | |
| | 消耗体积 | | | |
| $c_{Na_2S_2O_3}$/mol·L⁻¹ | | | | |
| $\overline{c}_{Na_2S_2O_3}$/mol·L⁻¹ | | | | |
| 相对平均偏差/% | | | | |

计算公式：

$$c_{Na_2S_2O_3}=\frac{\frac{m_{KBrO_3}}{M_{KBrO_3}}\times\frac{25.00}{250.00}\times6}{V_{Na_2S_2O_3}\times10^{-3}}=\frac{600m_{KBrO_3}}{M_{KBrO_3}V_{Na_2S_2O_3}}$$

2. 苯酚含量测定的相关数据

| 项目 | | 1 | 2 | 3 |
|---|---|---|---|---|
| 苯酚试样/g | | | | |
| $V_{苯酚}$/mL | | | | |
| $V_{KBrO_3\text{-}KBr}$/mL | | | | |
| Na₂S₂O₃ 溶液体积/mL | 终读数 | | | |
| | 始读数 | | | |
| | 消耗体积 | | | |
| $w_{苯酚}$/% | | | | |
| $\overline{w}_{苯酚}$/% | | | | |
| 相对平均偏差/% | | | | |

计算公式：

$$w_{苯酚}=\frac{\left[c_{KBrO_3}V_{KBrO_3}\times10^{-3}-\frac{1}{6}c_{Na_2S_2O_3}V_{Na_2S_2O_3}\times10^{-3}\right]M_{苯酚}}{m_s}\times100\%$$

**【实验注意事项】**

1. 实验中要用碘量瓶。
2. 苯酚试样中加入 KBrO₃-KBr 标准溶液后，必须要用力摇动碘量瓶。

**【思考题】**

1. 该滴定方法的主要误差来源有哪些？
2. 标定 Na₂S₂O₃ 溶液及苯酚含量时，能否用 Na₂S₂O₃ 溶液直接滴定 Br₂？
3. 苯酚试样中加入 KBrO₃-KBr 标准溶液后，为什么要用力摇动锥形瓶？

**【e 网链接】**

1. http://wenku.baidu.com/view/534795f8770bf78a65295462.html
2. http://wenku.baidu.com/view/b28c8cbafd0a79563c1e7255.html

3. http：//wlxt. whut. edu. cn/huaxue/exp/95/

4. http：//www. docin. com/p-552471372. html

5. http：//chemlab. whu. edu. cn/chemcourse/fxhx/5/5-6-1. htm

6. http：//jpkc. whpu. edu. cn/othersjp/hxsy/chemlab/content/benfen/top. htm

# 实验 28　氧化还原滴定自主设计实验

## 【实验目的与要求】

1. 进一步培养学生综合运用所学知识分析问题和解决问题的能力；

2. 培养学生查阅文献的能力，培养学生通过文献资料来解决实际问题的能力；

3. 了解氧化还原滴定中预处理的重要性及预处理的方法；

4. 掌握运用不同的氧化还原滴定方式测定不同组分的实验思路。

## 【设计要求】

同实验 12。

## 【设计思路】

1. 综合考虑还原滴定法的理论知识和被测物的氧化还原性，分析问题，理顺设计思路。

2. 设计时优先考虑使用最常用的高锰酸钾法、碘量法来设计实验。

3. 选择适宜的指示剂和滴定酸度等实验条件，测定不同的组分。

4. 若组分较复杂，可以考虑使用掩蔽剂来掩蔽干扰组分。

5. 在氧化还原滴定法中，滴定剂及待测物的浓度通常约为 $0.02mol \cdot L^{-1}$，据此计算固体样品或样品溶液的取样量。

## 【设计题目】

1. 水中溶解氧（DO）的测定

设计提示：水中溶解氧在碱性介质中可将 $Mn(OH)_2$ 氧化为棕色的 $MnO(OH)_2$，后者在酸性介质中溶解并能与 $I^-$ 定量作用产生 $I_2$，析出的 $I_2$ 可用 $Na_2S_2O_3$ 标准溶液滴定。

2. HCOOH 与 HAc 混合液中各组分含量的测定

设计提示：HCOOH（$K_a = 1.8 \times 10^{-4}$）与 HAc（$K_a = 1.8 \times 10^{-5}$），根据混合酸滴定，不能实现分部滴定，只能滴定总酸量；而 HCOOH 具有还原性，可用氧化还原滴定法测定其含量。以酚酞为指示剂，用 NaOH 标准溶液滴定总酸量；在强碱性介质中向试样溶液加入过量 $KMnO_4$ 标准溶液，此时甲酸被氧化为 $CO_2$，$MnO_4^-$ 被还原为 $MnO_4^{2-}$，并歧化生成 $MnO_2$ 和 $MnO_4^-$。加酸，加入过量的 KI 还原过量部分的 $MnO_4^-$ 及歧化生成 $MnO_2$ 和 $MnO_4^-$ 的至 $Mn^{2+}$，再以 $Na_2S_2O_3$ 标准溶液滴定析出的 $I_2$。

3. 漂粉精中有效氯和固体总钙量的测定

设计提示：工业品漂粉精的分子式为 $3Ca(OCl)_2 \cdot 2Ca(OH)_2$，其中有效氯和固体总钙含量是影响产品质量的两个关键指标，准确地测定其含量是非常重要的。要求学生自拟方案，用碘量法测定有效氯，用配位滴定法测定固体总钙。

（1）漂粉精中次氯酸盐具有氧化能力，常以有效氯来表示。有效氯是指次氯酸盐酸化时放出的氯：

$$Ca(OCl)_2 + 4H^+ = Ca^{2+} + Cl_2 + 2H_2O$$

漂粉精的质量是以有效氯的量为指标，以有效氯的百分含量表示漂粉精的漂白能力。

漂粉精中有效氯的测定可在酸性溶液中进行，用次氯酸盐与碘化钾反应析出定量的碘，然后用 $Na_2S_2O_3$ 标准溶液滴定生成的碘：

$$Ca(OCl)_2 + 4I^- + 4H^+ = CaCl_2 + 2I_2 + 2H_2O$$

$$I_2 + 2Na_2S_2O_3 = Na_2S_4O_6 + 2NaI$$

（2）从漂粉精的分子式可以看出，钙是主要成分。用 EDTA 标准溶液测定钙，调节溶液的 pH≥12，以钙指示剂作指示剂，用 EDTA 标准溶液滴定至溶液由酒红色变为纯蓝色。由于漂粉精中的次氯酸盐能使钙指示剂褪色，因此在加入钙指示剂之前，应先加入 10% $NaNO_2$ 溶液 10mL，再加 10% NaOH 溶液 5mL 调节溶液的 pH。

（3）EDTA 标准溶液可用 $CaCO_3$ 为基准物质进行标定。钙标准溶液的配制方法如下：准确称取 $CaCO_3$ 基准物 0.5~0.6g 于 250mL 烧杯中，加少量水润湿，盖以表面皿，从烧杯嘴中滴加 2~3mL 1:1 HCl，待 $CaCO_3$ 完全溶解后，加热近沸，冷却后，淋洗表面皿，再定量转移至 250mL 容量瓶中定容。

# 第6章 沉淀滴定实验

## 实验 29　硝酸银标准溶液的配制和标定（吸附指示剂法）

**【实验目的与要求】**

1. 掌握硝酸银标准溶液的配制方法；
2. 学会用基准物 NaCl 标定 $AgNO_3$ 溶液浓度的方法；
3. 熟悉吸附指示剂的变色原理；
4. 正确判断荧光黄指示剂的滴定终点。

**【实验原理】**

用硝酸银做标准溶液，以吸附指示剂指示终点，测定卤化物的滴定方法称吸附指示剂法。

滴定中生成的沉淀在等当点前后可吸附不同的构晶离子，从而带有不同的电荷。电荷不同决定着吸附指示剂的离子是否被吸附。指示剂离子被吸附后发生颜色的改变，从而可指示终点的到达。

1. $AgNO_3$ 标准溶液的标定采用吸附指示剂法。为了让 AgCl 保持较强的吸附能力，应使沉淀保持胶体状态。为此，可将溶液适当稀释，并加入糊精溶液作保护胶体。使终点颜色变化明显。

2. 用基准物 NaCl 标定 $AgNO_3$ 溶液，以荧光黄（以 HFI 表示）作指示剂，标定 $AgNO_3$ 标准溶液时，荧光黄在溶液中离解成 $H^+$ 和荧光黄阴离子 $FI^-$。在化学计量点前，溶液中存在过量的 $Cl^-$，这时滴定所生成的 AgCl 胶态沉淀吸附 $Cl^-$，使 AgCl 沉淀颗粒表面带负电荷（$AgCl \cdot Cl^-$）。由于同种电荷相斥，此时，沉淀（$AgCl \cdot Cl^-$）不会吸附荧光黄指示剂的阴离子（$FI^-$），所以溶液显荧光黄阴离子的黄绿色。当滴定至终点时，溶液中 $Ag^+$ 稍过量，AgCl 沉淀颗粒吸附 $Ag^+$ 而带正电荷（$AgCl \cdot Ag^+$），从而吸附荧光黄指示剂阴离子，使指示剂发生形变，指示剂由黄绿色转变为淡红色。其变色过程如下。

终点前：$Cl^-$ 过量　（AgCl）$\cdot Cl^- \cdot M^+$

终点时：$Ag^+$ 过量　（AgCl）$\cdot Ag^+ \cdot X^-$

　　　　　$FI^-$　　（AgCl）$\cdot Ag^+ \cdot FI^-$

　　（黄绿色）　　　　　（微红色）

**【仪器、 试剂与材料】**

1. 仪器：电子天平，滴定管（50mL），容量瓶（100mL、250mL），移液管（25mL），

烧杯（100mL、500mL），锥形瓶（250mL），称量瓶，量筒，铁架台，滴定管夹等。

2. 试剂与材料：AgNO₃（分析纯），5％K₂CrO₄ 的溶液，糊精溶液（1g 糊精用 50mL 水溶解），荧光黄指示液（0.1％ 乙醇溶液）。

NaCl 基准试剂：在 500～600℃灼烧 0.5h 后，放置干燥器中冷却。也可将 NaCl 置于带盖的瓷坩埚中，加热，并不断搅拌，待爆炸声停止后，将坩埚放入干燥器中冷却后使用。

**【实验步骤】**

1. 0.1mol·L⁻¹ AgNO₃ 溶液的配制

台秤上称取 AgNO₃ 8.5g 置 250mL 烧杯中，加蒸馏水 100mL 使溶解，然后移入棕色磨口瓶中，加蒸馏水稀释至 500mL，充分摇匀，密塞，避光保存。

2. 0.1mol·L⁻¹ AgNO₃ 标准溶液的标定

取在 500～600℃干燥至恒重的基准物 NaCl 0.12～0.15g，精确称定，置于 250mL 锥形瓶中，加蒸馏水 50mL，使溶解，再加糊精 5mL 与荧光黄指示剂 8 滴，用 0.1mol·L⁻¹ AgNO₃，标准溶液滴定至浑浊液由黄绿色转变为微红色，即为终点。记录所消耗的 AgNO₃ 标准溶液的体积并计算其浓度。平行 3 次实验，测定的相对平均偏差不得大于 0.2％。

**【实验结果与数据处理】**

AgNO₃ 标准溶液标定相关数据如下。

| 项目 | | 1 | 2 | 3 |
|---|---|---|---|---|
| 氯化钠/g | | | | |
| 硝酸银溶液<br>体积/mL | 终读数 | | | |
| | 始读数 | | | |
| | 消耗体积 | | | |
| $c_{AgNO_3}$/mol·L⁻¹ | | | | |
| $\bar{c}_{AgNO_3}$/mol·L⁻¹ | | | | |
| 相对平均偏差/% | | | | |

计算公式：

$$c_{NaCl} = \frac{m_{NaCl}}{VM_{NaCl}} \qquad c_{AgNO_3} = \frac{c_{NaCl}V_{NaCl}}{V_{AgNO_3}}$$

**【实验注意事项】**

1. 配制 AgNO₃ 标准溶液的水应无 Cl⁻，否则配成的 AgNO₃ 溶液出现白色浑浊，不能使用。

2. 滴定过程中应用力振摇锥形瓶，使被吸附的离子释放出来，以得到准确的终点。

3. 光线可促使 AgCl 分解出金属银而使沉淀颜色变深，影响终点的观察，因此滴定时应避免强光直射；光线也可加速 AgNO₃ 的分解，所以装 AgNO₃ 标准溶液的酸式滴定管和试剂瓶应是棕色的。

4. 本实验中的含银溶液及其沉淀不要丢弃，应收集起来用于回收银。

5. 实验结束后，装 AgNO₃ 标准溶液的滴定管应首先用蒸馏水冲洗 2～3 次，再用自来水冲洗。

【思考题】

1. 用荧光黄为指示剂标定 $AgNO_3$ 溶液时，为什么要加入糊精溶液？

2. 按指示终点的方法不同，$AgNO_3$ 标准溶液标定有几种方法？并说明每种方法在什么条件下进行？

3. 在铁铵矾指示剂法（Volhard 法）滴定中 $Fe(NO_3)_3$ 和 $FeCl_3$ 能否作指示剂？

4. 铁铵矾指示剂应如何配制？

【e网链接】

1. http：//www.doc88.com/p-310905165455.html

2. http：//www.chinadmd.com/file/cuvc3vvxptuao3vwpxzuiwzp＿1.html

# 实验30　氯化物中氯含量的测定（铬酸钾指示剂法）

【实验目的与要求】

1. 学习 $AgNO_3$ 标准溶液的配制和标定方法；

2. 掌握莫尔法测定氯离子的方法原理；

3. 掌握铬酸钾指示剂的正确使用。

【实验原理】

某些可溶性氯化物中氯含量的测定常采用莫尔法。此法是在中性或弱碱性溶液中，以 $K_2CrO_4$ 为指示剂，用 $AgNO_3$ 标准溶液进行滴定。由于 $AgCl$ 的溶解度比 $Ag_2CrO_4$ 的小，因此溶液中首先析出 $AgCl$ 沉淀，当 $AgCl$ 定量析出后，过量一滴 $AgNO_3$ 溶液即与 $CrO_4^{2-}$ 生成砖红色 $Ag_2CrO_4$ 沉淀，表示达到终点。主要反应式如下：

$$Ag^+ + Cl^- =\!=\!= AgCl\downarrow（白色）\quad K_{sp}=1.8\times10^{-10}$$
$$2Ag^+ + CrO_4^{2-} =\!=\!= Ag_2CrO_4\downarrow（砖红色）\quad K_{sp}=2.0\times10^{-12}$$

滴定必须在中性或在弱碱性溶液中进行，最适宜 pH 范围为 6.5～10.5，如有铵盐存在，溶液的 pH 值范围最好控制在 6.5～7.2 之间。酸度过高（有 $NH_4^+$ 存在时 pH 则缩小为 6.5～7.2）会因 $CrO_4^{2-}$ 质子化而不产生 $Ag_2CrO_4$ 沉淀。过低，则形成 $Ag_2O$ 沉淀。

指示剂的用量对滴定有影响，一般以 $5.0\times10^{-3}\,mol\cdot L^{-1}$ 为宜。

凡是能与 $Ag^+$ 生成难溶化合物或配合物的阴离子都干扰测定。如 $AsO_4^{3-}$、$AsO_3^{3-}$、$S^{2-}$、$CO_3^{2-}$、$C_2O_4^{2-}$ 等，其中 $H_2S$ 可加热煮沸除去，将 $SO_3^{2-}$ 氧化成 $SO_4^{2-}$ 后不再干扰测定。大量 $Cu^{2+}$、$Ni^{2+}$、$Co^{2+}$ 等有色离子将影响终点的观察。凡是能与 $CrO_4^{2-}$ 指示剂生成难溶化合物的阳离子也干扰测定，如 $Ba^{2+}$、$Pb^{2+}$ 能与 $CrO_4^{2-}$ 分别生成 $BaCrO_4$ 和 $PbCrO_4$ 沉淀。$Ba^{2+}$ 的干扰可加入过量 $Na_2SO_4$ 消除。

$Al^{3+}$、$Fe^{3+}$、$Bi^{3+}$、$Sn^{4+}$ 等高价金属离子在中性或弱碱性溶液中易水解产生沉淀，也不应存在。

【仪器、试剂与材料】

1. 仪器：电子天平，滴定管（50mL），容量瓶（100mL、250mL），移液管（25mL），

烧杯（100mL、500mL），锥形瓶（250mL），称量瓶，量筒，铁架台，滴定管夹等。

2. 试剂：氯化物样品，AgNO₃（或 0.1mol·L⁻¹ AgNO₃ 溶液），5％K₂CrO₄ 溶液。

NaCl 基准试剂：在 500～600℃灼烧 0.5h 后，放置干燥器中冷却，也可将 NaCl 置于带盖的瓷坩埚中，加热，并不断搅拌，待爆炸声停止后，将坩埚放入干燥器中冷却后使用。

### 【实验步骤】

1. 0.1mol·L⁻¹ NaCl 标准溶液的配制

分析天平上准确称取 0.5850g 基准试剂 NaCl 于小烧杯中，用蒸馏水溶解后，转移至 100mL 容量瓶中，稀释至刻度，摇匀。

2. 0.1mol·L⁻¹ AgNO₃ 溶液的配制及标定

称取 8.5g AgNO₃ 用少量不含 Cl⁻ 的蒸馏水溶解后，转入棕色试剂瓶中，稀释至 500mL，摇匀，将溶液置暗处保存，以防止光照分解。

用移液管移取 25.00mL NaCl 标液于 250mL 锥形瓶中，加入 20mL 水，加 1mL 5％ K₂CrO₄ 溶液，在不断摇动条件下，用 AgNO₃ 溶液滴定至呈现浅砖红色即为终点。平行标定 3 份。计算 AgNO₃ 溶液的浓度。

3. 可溶性氯化物含量测定

准确称取可溶性氯化物 0.15～0.20g，于 250mL 锥形瓶中，用 30mL 蒸馏水溶解，加入 5％K₂CrO₄ 溶液 1mL，然后在剧烈摇动下用 AgNO₃ 标准溶液滴定。当接近终点时，溶液呈浅砖红色，但经摇动后即消失。继续滴定至溶液刚显浅红色，虽经剧烈摇动仍不消失即为终点。平行 3 次实验，计算试样中氯的质量分数。要求测定的相对平均偏差不得大于 0.3％。

### 【实验结果与数据处理】

1. AgNO₃ 标准溶液标定相关数据

| 项目 | | 1 | 2 | 3 |
|---|---|---|---|---|
| 氯化钠/g | | | | |
| 硝酸银溶液体积/mL | 终读数 | | | |
| | 始读数 | | | |
| | 消耗体积 | | | |
| $c_{AgNO_3}$/mol·L⁻¹ | | | | |
| $\bar{c}_{AgNO_3}$/mol·L⁻¹ | | | | |
| 相对平均偏差/% | | | | |

计算公式：

$$c_{AgNO_3} = \frac{c_{NaCl} V_{NaCl}}{V_{AgNO_3}}$$

2. 可溶性氯化物测定相关数据

| 项目 | | 1 | 2 | 3 |
|---|---|---|---|---|
| 可溶性氯化物/g | | | | |
| 硝酸银溶液体积/mL | 终读数 | | | |
| | 始读数 | | | |
| | 消耗体积 | | | |

续表

| 项目 | 1 | 2 | 3 |
|---|---|---|---|
| $w_{Cl}/\%$ | | | |
| $\overline{w}_{Cl}/\%$ | | | |
| 相对平均偏差/% | | | |

计算公式：

$$w_{Cl} = \frac{c_{AgNO_3} V_{AgNO_3} \times \dfrac{M_{Cl}}{1000}}{m_s} \times 100\%$$

## 【实验注意事项】

1. 银盐溶液的量大时不应该随意丢弃，所有淋洗滴定管的标准溶液和沉淀都应收集起来，以便回收。

2. 注意定容过程中，溶液的转移一定要完全，准确。

3. 滴定时要注意滴定速度并充分摇动。

4. 滴定管的读数要求和估读数更不能忽视。

5. 实验结束后，盛装硝酸银溶液的滴定管应先用蒸馏水冲洗 2～3 次，再用自来水冲洗，以免产生氯化银沉淀，难以洗净。

## 【思考题】

1. 配制好的 AgNO_3 溶液要贮于棕色瓶中，并置于暗处，为什么？

2. 做空白测定有何意义？K_2CrO_4 溶液的浓度大小或用量多少对测定结果有何影响？

3. 能否用莫尔法以 NaCl 标准溶液直接滴定 Ag^+？为什么？

4. 用佛尔哈德法测定 Ag^+，滴定时为什么必须剧烈摇动？

5. 佛尔哈德法能否采用 FeCl_3 作指示剂？

6. 用返滴定法测定 Cl^- 时，是否应该剧烈摇动？为什么？

## 【e 网链接】

1. http：//www. chem. pku. edu. cn/analcourse/AC _ B/Pharmacy/2011 _ 08. pdf

2. http：//www1. syphu. edu. cn/fxhx/

3. http：//www. chem. pku. edu. cn/analcourse/Main. htm

# 实验 31　氯化铵中氯含量的测定（铬酸钾指示剂法）

## 【实验目的与要求】

1. 掌握铬酸钾指示剂法（Mohr 法）滴定原理；

2. 正确判断 K_2CrO_4 作指示剂的滴定终点；

3. 理解莫尔法的适用范围及干扰因素。

## 【实验原理】

NH_4Cl 的测定采用 Mohr 法。根据分步沉淀的原理，溶解度小的 AgCl 先沉淀，溶解度

大的 $Ag_2CrO_4$ 后沉淀。适当控制 $K_2CrO_4$ 指示剂浓度使 AgCl 恰好完全沉淀后立即出现砖红色 $Ag_2CrO_4$ 沉淀指示滴定终点的到达。其反应如下：

$$Ag^+ + Cl^- \Longrightarrow AgCl\downarrow \text{（白色）} K_{sp}=1.8\times10^{-10}$$

$$2Ag^+ + CrO_4^{2-} \Longrightarrow Ag_2CrO_4\downarrow \text{（砖红色）} K_{sp}=2.0\times10^{-12}$$

## 【仪器、试剂与材料】

1. 仪器：电子天平，滴定管（50mL），容量瓶（100mL、250mL），移液管（25mL），烧杯（100mL、500mL），锥形瓶（250mL），称量瓶，量筒，铁架台，滴定管夹等。

2. 试剂与材料：氯化铵样品，5%铬酸钾指示剂，$AgNO_3$ 标准溶液（0.1mol·L$^{-1}$）。

## 【实验步骤】

取 $NH_4Cl$ 约 1g，精密称取，置于 250mL 容量瓶中，加水适量，振摇，使溶解后，再用水稀释至刻线，摇匀。精密量取 25mL，加铬酸钾指示剂 1mL，用 $AgNO_3$ 标准溶液（0.1mol·L$^{-1}$）滴定至恰好混悬液微呈浅红棕色，即为终点。

## 【实验结果与数据处理】

氯化铵测定相关数据如下。

| 项目 | | 1 | 2 | 3 |
|---|---|---|---|---|
| 氯化铵/g | | | | |
| 硝酸银溶液体积/mL | 终读数 | | | |
| | 始读数 | | | |
| | 消耗体积 | | | |
| $w_{NH_4Cl}$/% | | | | |
| $\overline{w}_{NH_4Cl}$/% | | | | |
| 相对平均偏差/% | | | | |

计算公式：

$$w_{NH_4Cl}=\frac{c_{AgNO_3}V_{AgNO_3}\times\dfrac{M_{NH_4Cl}}{1000}}{m_s\times\dfrac{25.00}{250.00}}\times100\%$$

## 【实验注意事项】

1. $K_2CrO_4$ 指示剂的用量尽应力求准确，目的是为了减少滴定误差。

2. 在滴定过程中须不断振摇，因为 AgCl 沉淀可吸附 Cl$^-$，被吸附的 Cl$^-$ 又较难和 Ag$^+$ 反应完全，如振摇不充分可使终点过早出现。

3. 当形成的 $Ag_2CrO_4$ 红色沉淀消失缓慢，且 AgCl 沉淀开始凝聚时，表示已快到终点，此时需逐滴加入 $AgNO_3$ 并用力振摇。

## 【思考题】

1. $NH_4Cl$ 的测定能否用吸附指示剂法，为什么？

2. $NH_4Cl$ 测定能否用铁铵矾指示剂法，为什么？

## 【e网链接】

1. http://www.amazon.cn/分析化学实验/dp/B0011AMDYO

2. http://www.wl.cn/72816

# 实验 32　溴化钾的含量测定（铁铵矾指示剂法）

## 【实验目的与要求】

1. 掌握铁铵矾指示剂法（Volhard 法）的原理；
2. 熟悉剩余量滴定法的操作；
3. 熟悉返滴定法的计算。

## 【实验原理】

用过量 $AgNO_3$ 标准溶液使样品中的 $Br^-$ 沉淀完全后，用 $NH_4SCN$ 标准溶液滴定剩余量的 $AgNO_3$，根据样品实际消耗的 $AgNO_3$ 量计算样品中 KBr 的含量。

AgBr 的溶度积常数略小于 AgSCN 的溶度积，AgBr 沉淀不致因有 AgSCN 沉淀存在而发生沉淀转化，故无需用硝基苯等有机溶剂包裹 AgBr 沉淀。以铁铵矾〔$FeNH(SO_4)_2 \cdot 12H_2O$〕为指示剂，利用稍过量的 $SCN^-$ 与 $Fe^{3+}$ 形成 $Fe(SCN)^{2+}$ 棕红色络离子而显示终点。滴定应在硝酸酸性溶液中进行。

终点前：$Ag^+ + Br^- \rightleftharpoons AgBr\downarrow$ （白色）

$\qquad\quad Ag^+ + SCN^- \rightleftharpoons AgSCN\downarrow$ （白色）

终点时：$Fe^{3+} + SCN^- \rightleftharpoons Fe(SCN)^{2+}$ （淡棕红色）

## 【仪器、 试剂与材料】

1. 仪器：电子天平，滴定管（50mL），容量瓶（100mL、250mL），移液管（25mL），烧杯（100mL、500mL），锥形瓶（250mL），称量瓶，量筒，铁架台，滴定管夹等。

2. 试剂与材料：溴化钾样品；$HNO_3$（6mol·L$^{-1}$），铁铵矾指示剂，$AgNO_3$ 标准溶液（0.1mol·L$^{-1}$），$NH_4SCN$ 标准溶液（0.1mol·L$^{-1}$）。

## 【实验步骤】

取溴化钾样品约 0.25g，精密称定，置 250mL 锥形瓶中，加蒸馏水约 30mL 使溶解，加 6mol·L$^{-1}$ $HNO_3$ 5mL，用酸式滴定管加入 0.1mol·L$^{-1}$ $AgNO_3$ 标准液 40mL，加铁铵矾指示液 2mL，用 0.1mol·L$^{-1}$ $NH_4SCN$（或 KSCN）标准液回滴至淡棕红色，即为终点。

## 【实验结果与数据处理】

氯化铵测定相关数据如下。

| 项目 | 1 | 2 | 3 |
|---|---|---|---|
| 溴化钾样品/g | | | |
| 硝酸银标准溶液浓度/mol·L$^{-1}$ | | | |
| 硝酸银标准溶液体积/mL | | | |
| 硫氰酸铵标准溶液浓度/mol·L$^{-1}$ | | | |
| 硫氰酸铵标准溶液体积/mL | | | |
| 溴化钾含量/% | | | |
| 溴化钾含量平均值/% | | | |
| 相对平均偏差/% | | | |

计算公式:

$$w_{KBr} = \frac{\left(c_{AgNO_3} V_{AgNO_3} - c_{NH_4SCN} V_{NH_4SCN}\right)\dfrac{M_{KBr}}{1000}}{m_s} \times 100\%$$

**【实验注意事项】**

1. 必须保证加入的 $AgNO_3$ 标准溶液过量。若取样量超过 0.28g 或 $AgNO_3$ 标准溶液浓度过低（$<0.01mol \cdot L^{-1}$），则应改用 50mL 移液管加入 $AgNO_3$ 标准溶液。

2. $AgNO_3$ 标准溶液与 $NH_4SCN$ 标准溶液的准确浓度,若只知其中之一时,可用与测定相同的条件作空白对比滴定,求出两标准溶液的浓度比值,亦可计算结果。

3. AgCl 的溶度积常数大于 AgSCN 的溶度积常数,当与 AgSCN 沉淀共存时会发生沉淀转化,故用此法测定氯化物时需用硝基苯等有机溶剂包裹 AgCl 沉淀。

**【思考题】**

1. $AgNO_3$ 标准溶液过量的多少与测定误差有何关系? 设滴定管读数误差为 $\pm0.02mL$,计算用 NHSCN 标准溶液回滴时消耗量分别为 1mL 与 20mL 时,对测定结果的准确度影响如何?

2. 铁铵矾指示剂法测定时,为什么要用 $HNO_3$ 酸化试液? 能否用 HCl 或 $H_2SO_4$ 调节酸度? 为什么?

3. 设铁铵矾指示剂浓度为 $0.17mol \cdot L^{-1}$,终点时溶液总体积为 100mL,终点显示颜色时含 $FeSCN^{2+}$ 浓度为 $1 \times 10^{-4} mol \cdot L^{-1}$,计算 KSCN 溶液 $0.1mol \cdot L^{-1}$ 过量多少? 溶液中 $Br^-$ 浓度是多少? 测定的终点与等当点之间的误差是多少?

**【e网链接】**

1. http：//www. baike. com/wiki/沉淀滴定法

2. http：//www. doc88. com/p-707920551308. html

3. http：//hanyu. iciba. com/wiki/5219492. shtml

4. http：//textbook. jingpinke. com/details? uuid=8a833999-28fcca71-0128-fcca71a1-055f

# 实验 33  沉淀滴定法自拟实验

**【实验目的】**

1. 培养学生运用配位滴定理论解决实际问题的能力,并通过实践加深对理论知识的理解;

2. 提高学生查阅参考资料和撰写实验报告的能力。

**【实验要求】**

1. 要求在参考资料的基础上,拟定实验方案,经过教师审阅批准后,方能进行实验并写出实验报告。

2. 实验方案按照如下内容：测定方法概述；使用仪器及试剂；操作步骤；实验数据处理等。

【**设计实验选题**】

下列题目任选其中一个进行设计。

1. 溴合剂中溴含量的测定

设计提示：三溴合剂是医院常用的镇静剂。其处方为：溴化钠、溴化钾、溴化铵各30g，加纯净水配制1000mL。用铬酸钾指示剂法测定溴的总量。

2. 硫酸铵含量的测定

设计提示：用硫酸钡沉淀滴定法测定硫酸铁的含量。此法是在弱酸性溶液中，用茜素红S吸附指示剂，用 $BaCl_2$ 标准溶液进行滴定。为了增加沉淀的比表面，实验中加入乙醇以降低 $BaSO_4$ 溶解度，同时快速滴定至90%，以形成大量晶核，尽量使沉淀的表面积增大，有利于终点变色的敏锐。

3. 法扬司（Fajans）法测定氯化物中的氯含量

设计提示：法扬司法又称吸附指示剂法，可以测定试样中的 $Cl^-$、$Br^-$、$I^-$、$SCN^-$ 的含量。以 $AgNO_3$ 为标准溶液，二氯荧光黄为吸附指示剂，在 pH 为 4～10 进行。为了保持 AgCl 沉淀呈胶体状态，可加入糊精或聚乙烯醇溶液。

# 第7章 重量分析实验

## 实验34 可溶性钡盐中钡含量的测定

### 【实验目的与要求】

1. 掌握重量分析的原理及方法;
2. 掌握测定钡盐中钡含量的原理及方法;
3. 学习并掌握重量分析的基本操作。

### 【实验原理】

$Ba^{2+}$ 能生成 $BaSO_4$、$BaC_2O_4$、$BaCO_3$、$BaCrO_4$ 等一系列难溶化合物,其中 $BaSO_4$ 的溶解度最小($K_{sp}=1.1\times10^{-10}$),其组成与化学式相符,摩尔质量较大,性质稳定,符合重量分析对沉淀的要求。因此通常以 $BaSO_4$ 沉淀形式和称量形式测定 $Ba^{2+}$。

为了获得纯净和颗粒较大的 $BaSO_4$ 晶形沉淀,试样溶于水后,加入 HCl 酸化,在加热和不断搅动下,缓慢滴入稀、热的 $H_2SO_4$,形成的沉淀经陈化、过滤、洗涤、灰化和灼烧后,以 $BaSO_4$ 形式称量,即可求得试样中的 Ba 含量。

用 $BaSO_4$ 重量法测定 $Ba^{2+}$ 时,一般用稀 $H_2SO_4$ 作沉淀剂。为了使 $BaSO_4$ 沉淀完全,$H_2SO_4$ 必须过量。由于 $H_2SO_4$ 在高温下可挥发除去,故沉淀包藏的 $H_2SO_4$ 不会引起误差,因此沉淀剂可过量50%～100%。

$BaSO_4$ 重量法一般在 $0.05mol\cdot L^{-1}$ 左右 HCl 介质中进行沉淀,这是为了防止产生 $BaCO_3$、$BaHPO_4$、$BaHAsO_4$ 沉淀以及防止生成 $Ba(OH)_2$ 共沉淀。同时,适当提高酸度,增加 $BaSO_4$ 在沉淀过程中的溶解度,以降低其相对过饱和度,有利于获得较好的晶形沉淀。

$BaSO_4$ 重量法既可用于测定 $Ba^{2+}$ 的含量,也可用于测定 $SO_4^{2-}$ 的含量。

### 【仪器、试剂与材料】

1. 仪器:电子天平,烧杯(100mL、250mL),玻璃棒,滴管,量筒(50mL、100mL),表面皿,定量滤纸,瓷坩埚,漏斗,漏斗架,电炉,马弗炉,坩埚钳,干燥器。

2. 试剂和材料:$BaCl_2\cdot 2H_2O(s)$,HCl 溶液($2mol\cdot L^{-1}$),$H_2SO_4$ 溶液($1mol\cdot L^{-1}$),$AgNO_3$ 溶液($0.1mol\cdot L^{-1}$)。

### 【实验步骤】

1. 称样及沉淀的制备

在分析天平上准确称取 0.4～0.6g 的 $BaCl_2\cdot 2H_2O$ 试样 2 份,分别置于 250mL 烧杯中,各加入蒸馏水 100mL,搅拌溶解(注意:玻璃棒直到过滤、洗涤完毕才能取出)。加入 2mol

·$L^{-1}$ HCl 溶液，加热近沸。

取 4mL 1mol·$L^{-1}$ $H_2SO_4$ 2 份，分别置于小烧杯中，加水 30mL，加热至沸，趁热将稀 $H_2SO_4$ 滴加至试样溶液中，并不断搅拌，玻璃棒不要触及杯壁和杯底，以免划伤烧杯，使沉淀粘附在烧杯壁划痕内难于洗下。沉淀作用结束后，静置片刻，待沉淀 $BaSO_4$ 下沉后，于上层清液中加入稀 1~2 滴 $H_2SO_4$，观察是否有白色沉淀，以检验沉淀是否完全。盖上表面皿（切勿将玻璃棒拿出杯外，以免沉淀损失），防止灰尘进入，在沸腾的水浴上陈化 0.5h，其间要搅动几次，放置冷却后过滤。

2. 沉淀的过滤和洗涤

取慢速或中速定量滤纸两张，按漏斗角度的大小折叠好滤纸，使其可以与漏斗很好地贴合，以水润湿，并使漏斗颈内保持水柱。将漏斗置于漏斗架上，漏斗下面各放一只清洁的烧杯。小心地将沉淀上清液沿玻棒倾入漏斗中，再用倾泻法洗涤沉淀 3~4 次，每次用洗涤液（3mL 1.0mol·$L^{-1}$ $H_2SO_4$，用蒸馏水 200mL 稀释即成）15~20mL。然后将沉淀定量地转移至滤纸上，以洗涤液洗涤沉淀，直到无 $Cl^-$ 为止（使用 $AgNO_3$ 溶液检查 $Cl^-$ 是否洗涤干净）。

3. 空坩埚的恒重

取两只洁净带盖的坩埚，标号，在 800~850℃下灼烧，第一次灼烧 40min，第二次及以后每次只灼烧 20min。取出，稍冷，将坩埚移入干燥器中，冷却至室温，然后称量。重复上述操作，直至两次质量之差不超过 0.4mg，即为恒重。

4. 沉淀的灼烧和恒重

将包好沉淀的滤纸，放入已恒重的坩埚中，在电炉上烘干、炭化、灰化后，置于马弗炉中，于 800~850℃下灼烧至恒重。最后，根据试样和沉淀的质量计算试样中 Ba 的质量分数。

## 【实验结果与数据处理】

可溶性钡盐测定相关数据如下。

| 项目 | | 1 | 2 |
|---|---|---|---|
| $BaCl_2$·$2H_2O$ 试样的质量/g | | | |
| 空坩埚的编号 | | | |
| 灼烧后空坩埚的质量/g | 第一次灼烧 | | |
| | 第二次灼烧 | | |
| 恒重后空坩埚的质量/g | | | |
| 灼烧后空坩埚和 $BaSO_4$ 的质量/g | 第一次灼烧 | | |
| | 第二次灼烧 | | |
| 恒重后空坩埚和 $BaSO_4$ 的质量/g | | | |
| $BaSO_4$ 的质量/g | | | |
| $w_{Ba^{2+}}$ /% | | | |
| $\overline{w}_{Ba^{2+}}$ /% | | | |
| 相对平均偏差/% | | | |

计算公式：

$$w_{Ba^{2+}} = \frac{m \times \dfrac{M_{Ba}}{M_{BaSO_4}}}{m_s} \times 100\%$$

式中，$m_s$ 为 $BaCl_2 \cdot 2H_2O$ 试样的质量，g；$m$ 为 $BaSO_4$ 的质量，g。

**【实验注意事项】**

1. 玻璃棒直到过滤、洗涤完毕才能取出。

2. 在热溶液中进行沉淀，要不断搅拌，以降低过饱和度，避免局部浓度过高的现象，同时也减少杂质的吸附现象。

3. 盛滤液的烧杯必须洁净，因 $BaSO_4$ 沉淀易穿透滤纸，若遇此情况需重新过滤。

4. 包有沉淀的滤纸灰化时，如果温度太高或空气不足，可能有部分白色 $BaSO_4$ 被滤纸的碳还原为绿色的 $BaS$，使测定结果偏低。

5. 马弗炉的温度不宜过高，因为 $BaSO_4$ 沉淀在 1000℃ 以上高温灼烧时，可能有部分沉淀分解。

**【思考题】**

1. 沉淀 $BaSO_4$ 时为什么要在稀溶液中进行？不断搅拌的目的是什么？

2. 为什么沉淀 $BaSO_4$ 时要在热溶液中进行，而在自然冷却后进行过滤？趁热过滤或强制冷却好不好？

3. 如果在 $BaSO_4$ 沉淀中包夹 $BaCl_2$，将使测定结果偏高还是偏低？

4. 本实验中为什么称取 $BaCl_2 \cdot 2H_2O$ 试样 0.4~0.6g？称样过多或过少有什么影响？

**【e网链接】**

1. http://wenku.baidu.com/view/0e06a326ccbff121dd3683a7.html

2. http://wenku.baidu.com/view/9d6b9628e2bd960590c67788.html

# 实验35 合金钢中镍含量的测定

**【实验目的与要求】**

1. 了解有机沉淀剂在重量分析中的应用；

2. 掌握烘干重量法及玻璃砂芯漏斗的实验操作；

3. 进一步熟悉重量分析法的实验操作。

**【实验原理】**

丁二酮肟是二元弱酸（以 $H_2D$ 表示），分子式为 $C_4H_8O_2N_2$，相对分子质量为 116.2。研究表明，只有 $HD^-$ 状态才能在氨性溶液中与 $Ni^{2+}$ 发生沉淀反应。镍铬合金钢中有百分之几至百分之几十的镍，可用丁二酮肟重量法进行测定，用两分子 $HD^-$ 与镍进行络合反应生成红色沉淀，反应式如下：

红色沉淀 $Ni(HD)_2$

由于 $Fe^{3+}$、$Al^{3+}$、$Cr^{3+}$、$Ti^{4+}$ 在氨水中生成氢氧化物沉淀,有干扰,故在加入氨水前,需加入柠檬酸或酒石酸掩蔽干扰离子。

## 【仪器、试剂与材料】

1. 仪器:G4 微孔玻璃坩埚,恒温水浴,恒温干燥箱,吸滤瓶(250mL),烧杯(400mL),量筒(10mL、50mL),表面皿,玻璃棒。

2. 试剂和材料:混合酸 HCl:$HNO_3$:$H_2O$ 溶液(3:1:2),酒石酸或柠檬酸溶液(500$g \cdot L^{-1}$),丁二酮肟(10$g \cdot L^{-1}$,乙醇溶液),氨水(1:1),HCl 溶液(1:1),$HNO_3$ 溶液(2$mol \cdot L^{-1}$),$AgNO_3$ 溶液(0.1$mol \cdot L^{-1}$),$NH_3$-$NH_4Cl$ 洗涤液(100mL 水中加 1mL 氨水与 1g $NH_4Cl$),钢样。

## 【实验步骤】

### 1. 溶解样品及制备沉淀

称取钢样(含 Ni 30~80mg)2 份,分别置于 400mL 烧杯中,加入 20~40mL 混合酸,盖上表面皿,低温加热溶解后,煮沸除去氮的氧化物,加入 5~10mL 酒石酸溶液(每克试样加 10mL),然后,在不断搅动下,滴加(1:1)氨水至溶液至 pH 为 8~9,此时溶液转变为蓝绿色。如有不溶物,应将沉淀过滤,并用热的氨-氯化铵洗涤液,洗涤 3 次,洗涤液与滤液合并。滤液用(1:1)HCl 酸化,用热水稀释至 300mL,加热至 70~80℃,在不断搅拌下,加入 10$g \cdot L^{-1}$丁二酮肟乙醇溶液(每毫克 $Ni^{2+}$ 约需 10$g \cdot L^{-1}$丁二酮肟溶液 1mL),最后再多加 20~30mL,但所加试剂的总量不要超过试液体积的 1/3,以免增大沉淀的溶解度。然后在不断搅拌下,滴加(1:1)氨水,至 pH 为 8~9。在 60~70℃下,加热陈化30~40min,取下、冷却。

### 2. 过滤、干燥、恒重

用 G4 微孔玻璃坩埚进行减压过滤,用微氨性的 2%酒石酸洗涤烧杯和沉淀 3~5 次,再用温热水洗涤沉淀至无 $Cl^-$(用 $AgNO_3$ 检验),将沉淀与微孔坩埚在 130~150℃烘箱中烘1h,冷却,称重,再烘干,冷却称量直至恒重,计算镍的质量分数。

## 【实验结果与数据处理】

合金钢中镍含量测定相关数据如下。

| 项目 | | 1 | 2 |
|---|---|---|---|
| 钢样的质量/g | | | |
| 空微孔玻璃坩埚的编号 | | | |
| 恒重后微孔玻璃坩埚的质量/g | | | |
| 烘干后微孔玻璃坩埚和沉淀的质量/g | 第一次烘干 | | |
| | 第二次烘干 | | |
| 恒重后微孔玻璃坩埚和沉淀的质量/g | | | |
| 沉淀的质量/g | | | |
| $w_{Ni}$/% | | | |
| $\overline{w}_{Ni}$/% | | | |
| 相对平均偏差/% | | | |

计算公式：

$$w_{Ni} = \frac{m \times \dfrac{M_{Ni}}{M_{Ni(HD)_2}}}{m_s} \times 100\%$$

式中，$m_s$ 为钢样的质量，g；$m$ 为丁二酮肟镍沉淀的质量，g。

## 【实验注意事项】

1. 每次恒重加热时间和冷却时间尽量保持一致。

2. 溶解样品时先小火加热使盐酸和硝酸不要过早挥发，等样品溶解后火稍大，除去氮的氧化物，但必须保持一定的液体，防止有固体析出。

## 【思考题】

1. 溶解试样时加氨水起什么作用？

2. 用丁二酮肟沉淀应控制的条件是什么？

3. 实验中，丁二酮肟沉淀也可灼烧，试比较灼烧与烘干的利弊。

## 【e网链接】

1. http://wenku.baidu.com/view/919cf51f6bd97f192279e99f.html

2. http://wenku.baidu.com/view/721d4feae009581b6bd9eb5e.html

## 第8章

吸光光度法实验

## 实验 36  邻二氮菲吸光光度法测定铁

【实验目的与要求】

1. 掌握用吸光光度法测定微量铁的原理及方法；
2. 学习如何选择吸光光度分析的实验条件，以及吸收曲线的绘制；
3. 掌握分光光度计的工作原理和使用方法。

【实验原理】

根据朗伯比尔定律，当入射光波长 $\lambda$ 及光程 $b$ 一定时，在一定浓度范围内，有色物质的吸光度 $A$ 与该物质的浓度 $c$ 成正比。在同样实验条件下，测定待测溶液的吸光度，就可以由标准曲线查得对应的浓度值，即可计算出试样中待测物质的浓度。

铁的吸光光度法所用的显色剂较多，有邻二氮菲、磺基水杨酸、硫氰酸盐等。其中邻二氮菲分光光度法灵敏度高、稳定性好、干扰容易消除，是目前普遍采用的方法。

在 pH 为 $2 \sim 9$ 的溶液中，$Fe^{2+}$ 与邻二氮菲（Phen）生成稳定的橘红色络合物 $Fe(Phen)_3^{2+}$：

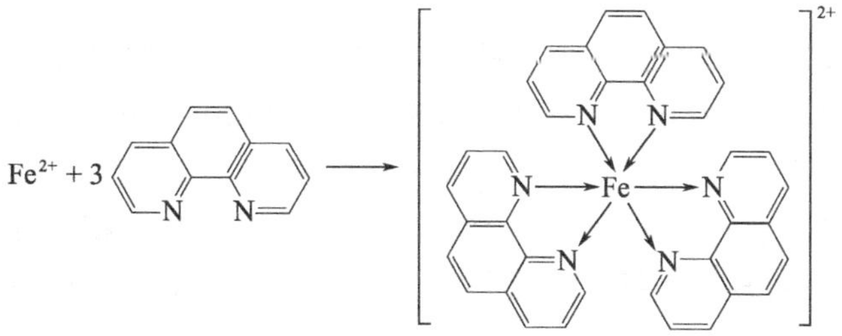

此配合物的 $\lg\beta_3 = 21.3$，摩尔吸光系数 $\varepsilon_{508} = 1.1 \times 10^4 L/(mol \cdot cm)$。铁含量在 $0.1 \sim 6\mu g/mL$ 范围内朗伯比尔定律。

当铁为 +3 价时，可用盐酸羟胺还原，反应式如下：

$$2Fe^{3+} + 2NH_2OH \cdot HCl \Longrightarrow 2Fe^{2+} + N_2 + 2H_2O + 4H^+ + 2Cl^-$$

吸光光度法的实验条件，如测定波长、溶液 pH 值、显色剂用量、显色时间、温度等，都是通过实验来确定的。在测定试样中铁含量之前，先做条件试验，以便初学者掌握确定实验条件的方法。

**【仪器、 试剂与材料】**

1. 仪器:721 型分光光度计,容量瓶 (50mL,6 个),吸量管 (1mL、5mL、10mL)。

2. 试剂和材料:铁标准溶液 ($100\mu g \cdot mL^{-1}$):准确称取 0.8634g 分析纯级 $NH_4Fe(SO_4)_2 \cdot 12H_2O$ 于 200mL 烧杯中,加入 20mL $6mol \cdot L^{-1}$ HCl 溶液和少量水,溶解后转移至 1L 容量瓶中,稀释至刻度,摇匀。

邻二氮菲溶液 ($1.5g \cdot L^{-1}$),盐酸羟胺溶液 ($100g \cdot L^{-1}$,用时配制),NaAc 溶液 ($1mol \cdot L^{-1}$),NaOH 溶液 ($1mol \cdot L^{-1}$),HCl 溶液 ($6mol \cdot L^{-1}$)。

**【实验步骤】**

1. 条件试验

(1) 吸收曲线的制作和测量波长的选择

用吸量管吸取 0.0mL 和 1.0mL 铁标准溶液分别注入两个容量瓶 (或比色管) 中。各加入 1mL 盐酸羟胺溶液,摇匀。再加入 2mL Phen 溶液、5mL NaAc 溶液,用水稀释至刻度,摇匀。放置 10min 后,用 1cm 比色皿,以试剂空白 (即 0.0mL 铁标准溶液) 为参比溶液,在 440~560nm 之间,每隔 10nm 测一次吸光度。在坐标纸上,以波长 $\lambda$ 为横坐标、吸光度 $A$ 为纵坐标,绘制 $A$ 与 $\lambda$ 关系的吸收曲线。从吸收曲线上选择测定铁的适宜波长,一般选用最大吸收波长 $\lambda_{max}$。

(2) 溶液 pH 值的选择

取 6 个 50mL 容量瓶 (或比色管),用吸量管分别加入 1mL 铁标准溶液,1mL 盐酸羟胺溶液,摇匀,再加入 2mL Phen 溶液,摇匀。用 5mL 吸量管分别加入 0.0、0.2mL、0.5mL、1.0mL、2.0mL、3.0mL $1mol \cdot L^{-1}$ NaOH 溶液,用水稀至刻度,摇匀。放置 10min。用 1cm 比色皿,以蒸馏水作为参比,在选择的波长下测定各溶液的吸光度。以 pH 为横坐标、吸光度 $A$ 为纵坐标,绘制 $A$ 与 pH 关系的酸度影响曲线,得出测定铁的适宜的 pH 值范围。

(3) 显色剂用量的选择

取 6 个 50mL 容量瓶 (或比色管),用吸量管各加入 1mL 铁标准溶液,1mL 盐酸羟胺溶液,摇匀。再分别加入 0.2mL、0.4mL、0.8mL、1.0mL、2.0mL、4.0mL Phen 和 5mL NaAc 溶液,以水稀释至刻度,摇匀。放置 10min。用 1cm 比色皿,以蒸馏水为参比,在选择的波长下测定各溶液的吸光度。以所取 Phen 溶液体积 $V$ 为横坐标、吸光度 $A$ 为纵坐标,绘制 $A$ 与 $V$ 关系的显色剂用量影响曲线。得出测定铁时显色剂的最适宜用量。

2. 铁含量的测定

(1) 标准曲线的制作

用吸量管吸取 10mL $100\mu g \cdot mL^{-1}$ 铁标准溶液于 100mL 容量瓶中,加入 2mL $6mol \cdot L^{-1}$ HCl 溶液,用水稀释至刻度,摇匀。此溶液 $Fe^{3+}$ 的浓度为 $10\mu g \cdot mL^{-1}$。

在 6 个 50mL 容量瓶 (或比色管) 中,用吸量管分别加入 0mL、2mL、4mL、6mL、8mL、10mL $10\mu g \cdot mL^{-1}$ 铁标准溶液,均加入 1mL 盐酸羟胺溶液,摇匀。再加入 2mL Phen 溶液,5mL NaAc 溶液,摇匀。用水稀释至刻度,摇匀后放置 10min。用 1cm 比色皿,以试剂空白 (即 0.0mL 铁标准溶液) 作为参比,在所选择的波长下,测量各溶液的吸光度。以含铁量为横坐标、吸光度 $A$ 为纵坐标,绘制标准曲线。

（2）试样中铁含量的测定

准确吸取适量试样于 50mL 容量瓶（或比色管）中，按标准曲线的制作步骤，加入各种试剂，测量吸光度。从标准曲线上查出和计算试样中铁的含量（单位为 $\mu g \cdot mL^{-1}$）。

**【实验结果与数据处理】**

1. 测量波长的选择

| 波长 $\lambda/nm$ | 440 | 450 | 460 | ... | 560 |
|---|---|---|---|---|---|
| 吸光度 $A$ | | | | | |

2. 溶液 pH 值的选择

| 试样编号 | 1 | 2 | ... | 6 |
|---|---|---|---|---|
| NaOH 溶液体积/mL | 0.0 | 0.2 | | 3.0 |
| 吸光度 $A$ | | | | |

3. 显色剂用量的选择

| 试样编号 | 1 | 2 | ... | 6 |
|---|---|---|---|---|
| Phen 溶液体积/mL | 0.2 | 0.4 | | 4.0 |
| 吸光度 $A$ | | | | |

4. 标准曲线的制作

| 试样编号 | 1 | 2 | ... | 6 |
|---|---|---|---|---|
| $10\mu g \cdot mL^{-1}$铁标准溶液体积/mL | 0.00 | 2.00 | | 10.00 |
| 吸光度 $A$ | | | | |

**【实验注意事项】**

1. 测定过程中，不要将参比溶液拿出试样室，应将其随时推入光路，以检查光度零点是否变化。

2. 比色皿盛取溶液时只需装至比色皿的 3/4 即可，不要过满，避免在测定的拉动过程中溅出，使仪器受潮、被腐蚀。

3. 每台仪器所配套的比色皿，不能与其他仪器上的比色皿单个调换。

4. 仪器上各旋钮应细心操作，不要用劲拧动，以免损坏机件。若发现仪器工作异常，应及时报告指导教师，不得自行处理。

**【思考题】**

1. 本实验量取各种试剂时应分别采用何种量器较为合适？为什么？

2. 怎样用吸光光度法测定水样中的全铁（总铁）和亚铁的含量？试拟出简单步骤。

3. 制作标准曲线和进行其他条件试验时，加入试剂的顺序能否任意改变？为什么？

**【e 网链接】**

1. http：//wenku. baidu. com/view/8bd8626127d3240c8447efb7. html

2. http：//wenku. baidu. com/view/0e35c3ca0508763231121283. html

# 实验 37   水样中六价铬的测定

## 【实验目的与要求】

1. 学习二苯碳酰二肼光度法测定水中六价铬的原理；
2. 进一步熟悉分光光度计和吸量管的使用方法；
3. 掌握分光光度法中标准曲线的应用。

## 【实验原理】

铬能以六价和三价两种形式存在于水中。电镀、制革等工业废水，可污染水源，使水中含有铬。医学研究发现，六价铬有致癌的危害，六价铬的毒性比三价铬强 100 倍。按规定，生活饮用水中铬(Ⅵ)不得超过 0.05 mg·L$^{-1}$ (GB 5749—85)，污水中铬（Ⅵ）和总铬最高允许排放量分别为 0.5 mg·L$^{-1}$ 和 1.5 mg·L$^{-1}$ (GB 8978—88)。

测定微量铬的方法很多，常采用分光光度法和原子吸收分光光度法。吸光光度法中，选择合适的显色剂，可以测定六价铬。将三价铬氧化为六价铬，可以测定总铬。

吸光光度法测定六价铬，国家标准（GB）采用二苯碳酰二肼 $[CO(NH·NH·C_6H_5)_2]$(DPCI) 作为显色剂。在酸性条件下，六价铬与 DPCI 反应生成紫红色化合物，最大吸收波长为 540nm，摩尔吸光系数 ε 为 $(2.6\sim4.17)\times10^4$ L/(mol·cm)。可直接使用吸光光度法测定，也可以用萃取光度法测定。

铬(Ⅵ)与 DPCI 的显色酸度为 0.1mol·L$^{-1}$ H$_2$SO$_4$ 介质。显色温度以 15℃较适宜，温度低显色慢，温度高稳定性差。显色反应在 2～3min 内可以完成，有色化合物在 1.5h 内保持稳定。

## 【仪器、试剂与材料】

1. 仪器：721 型分光光度计，比色管（50mL，8 支），吸量管（1mL、5mL、10mL、20mL）。

2. 试剂和材料：铬标准贮备溶液（0.100mg·mL$^{-1}$）：准确称取于 140℃下干燥 2h 的 K$_2$Cr$_2$O$_7$ 基准物 0.2830g 于 50mL 烧杯中，用水溶解后转至 1000mL 容量瓶中，稀至刻度，摇匀。

铬标准操作溶液（1.00μg·mL$^{-1}$）：用吸量管移取铬贮备液 5mL 于 500mL 容量瓶中，用水稀至刻度，摇匀，此溶液现用现配。

DPCI 溶液（2g·L$^{-1}$）：称取 0.1g DPCI，溶于 25mL 丙酮后，用水稀至 50mL，摇匀。贮于棕色瓶中，放入冰箱中保存；H$_2$SO$_4$（1:1）。

## 【实验步骤】

1. 标准曲线的制备

在 7 个 50mL 比色管中，用吸量管分别加入 0、1mL、2mL、5mL、10mL、15mL、20mL 1.00μg·mL$^{-1}$铬标准溶液用水稀释至标线，加入 0.6mL（1:1）H$_2$SO$_4$，摇匀。再加入 2mL DPCI 溶液，立即摇匀。静置 5min，用 1cm 比色皿，以试剂空白作为参比，在 540nm 下测量吸光度。绘制吸光度 A 对六价铬含量的标准曲线。

2. 水样中铬含量的测定

取适量水样于 50mL 比色管中，用水稀释至标线，然后按照标准曲线的制备步骤，测量吸光度，从标准曲线上查得六价铬含量，计算水样中六价铬的含量（单位为 $mg \cdot L^{-1}$）。

**【实验结果与数据处理】**

| 试样编号 | 1 | 2 | … | 7 |
|---|---|---|---|---|
| 铬标准溶液体积/mL | 0.00 | 1.00 | … | 20.00 |
| 吸光度 $A$ | | | | |

**【实验注意事项】**

1. 用于测定铬的玻璃器皿不应用重铬酸钾洗液洗涤。
2. DPCI 溶液不稳定，应于冰箱中保存，溶液颜色变深后不能使用。

**【思考题】**

1. 如果水样测得的吸光度值不在标准曲线的范围内，怎么办？
2. 怎样测定水样中三价铬的含量？

**【e 网链接】**

1. http：//wenku. baidu. com/view/298a5bd049649b6648d74715. html
2. http：//wenku. baidu. com/view/b52f5e42336c1eb91a375d58. html
3. http：//wenku. baidu. com/view/3105a16048d7c1c708a14562. html

# 实验 38　光度法测定甲基橙的离解常数

**【实验目的与要求】**

1. 通过测量甲基橙在不同酸度条件下的吸光度，求出甲基橙的离解常数；
2. 了解光度法在研究离子平衡中的应用；
3. 掌握光度法测定原理，学会分光光度计的操作。

**【实验原理】**

甲基橙的酸式和碱式具有不同的吸收光谱，甲基橙溶液的颜色取决于其酸式和碱式的比例，可选择两者有最大吸收差值的波长（520nm）进行测量。

甲基橙的变色范围：pH＞4.4 成黄色，pH＜3.1 成红色。当甲基橙溶液在 pH 为 3.1～4.4 时有下列平衡关系式：

$$HIn + H_2O \Longrightarrow H_3O^+ + In^-$$

酸式（红色）　　　　碱式（黄色）

$$K = \frac{[H_3O^+][In^-]}{[HIn]}$$

实验时，配制相同浓度的甲基橙、但 pH 值不同的 3 个溶液。在 pH＞4.4 的溶液中，主要以其碱式 $In^-$ 碱式存在，设在波长 520nm 处的吸光度为 $A_1$，在 pH＜3.1 的溶液中，主要以其酸式 HIn 形式存在，设在波长 520nm 处的吸光度为 $A_2$；在已精确测知 pH 值（3.1

～4.4）缓冲溶液中，甲基橙以 HIn，In⁻ 状态共存，设在波长 520 nm 处的吸光度为 $A_3$，缓冲溶液的氢离子浓度为 $[H_3O^+]$，以 HIn 状态存在的百分比为 $x$，以 In⁻ 状态存在的百分比为 $1-x$，则

$$A_3 = xA_2 + (1-x)A_1$$

$$K_{HIn} = \frac{[H_3O^+](1-x)}{x}$$

$$x = \frac{A_3 - A_1}{A_2 - A_1} \qquad 1-x = \frac{A_2 - A_3}{A_2 - A_1}$$

在测量时，若以指示剂的碱式（In⁻）溶液做参比溶液，则 $A_1 = 0$，即

$$K_{HIn} = \frac{[H_3O^+](A_2 - A_3)}{A_3}$$

由测定的吸光度值，可求得解离常数。

【仪器、试剂与材料】

1. 仪器：721 型分光光度计，比色管（25mL），吸量管（1mL，5mL，10mL）。

2. 试剂和材料：盐酸（1.00mol·L⁻¹），甲基橙（钠盐）溶液（1.25×10⁻⁴ mol·L⁻¹），HAc-NaAc 标准缓冲溶液（pH=4.003）。

【实验步骤】

取三个比色管按下列方法配制溶液：

1. 10.00mL 甲基橙水溶液；

2. 10.00mL 甲基橙水溶液+1.00mL 盐酸溶液；

3. 10.00mL 甲基橙水溶液+10.00mL pH≈4 标准缓冲液；

4. 将以上各溶液用水稀释到刻度，摇匀。以比色管 1 中的溶液为参比溶液，用 1cm 溶液在波长 520 nm 处，测量上述各溶液的吸光度，分别测得 $A_2$，$A_3$。

【实验结果与数据处理】

分光光度法测定甲基橙的离解常数的相关数据如下。

| 吸光度 A | $A_1$ | $A_2$ | $A_3$ |
|---|---|---|---|
| 数值 | | | |

【实验注意事项】

1. 测量之前，分光光度计和酸度计必须预热并调试好。

2. 甲基橙的实际变色范围在 pH 为 3.1～4.4，故配制标准溶液时需控制 pH 为 3.6～4.0，以减小测定误差。

3. 要准确配制 pH≈4 标准缓冲溶液，其准确与否会直接影响测定结果。

【思考题】

1. 改变甲基橙浓度对测定结果有何影响？

2. 测定温度对测定解离常数有影响吗？

3. 改变缓冲溶液的总浓度又如何？

【e 网链接】

1. http://www.docin.com/p-729687421.html

2. http：//www.docin.com/p-228076770.html

# 实验 39  分光光度计设计实验

## 【实验目的与要求】

1. 熟悉分光光度法方法原理和特点，解决实际样品的定量分析问题；
2. 通过查阅资料，设计实验方案，学习各种实际样品的处理方法；
3. 开阔学生的思路，加深对理论知识的理解。

## 【设计要求】

同实验 12。

## 【设计题目】

1. 钢中铬和锰吸光光度法分析

设计提示：多组分测试可考虑联立方程法。钢样酸溶解后，$H_3PO_4$ 掩蔽 $Fe^{3+}$，$AgNO_3$ 催化条件下，用 $(NH_4)_2S_2O_8$ 分别将 $Cr^{3+}$、$Mn^{2+}$ 氧化为 $Cr_2O_7^{-}$、$MnO_4^{-}$，在各自的最大吸收波长处，测试混合液的吸光度值，利用吸光度的加合性，组成联合方程，求出各自含量。其中的各组分各波长处摩尔吸光系数可用标准溶液测定求得。

2. 磺基水杨酸显色法测定铁的含量

设计提示：$Fe^{3+}$ 与磺基水杨酸（Ssal）在不同的酸度条件下生成不同组成的配合物，而且这些配合物具有不同的颜色。因此，用该方法测定铁含量时，应严格控制溶液的酸度，即在一定的条件下，$Fe^{3+}$ 与磺基水杨酸形成一定组成的配合物，可以进行铁的光度法测定。

# 第9章 综合性实验

## 实验40 食品用硅藻土中硅含量的测定

### 【实验目的与要求】

1. 了解硅藻土作为液体食品助滤剂的应用；
2. 了解用酸碱滴定法测定硅的基本原理和方法；
3. 掌握食品样品的处理方法；
4. 学会用碱熔法制备样品和酸碱滴定中消除干扰的方法。

### 【实验原理】

食品用硅藻土助滤剂中的硅的测定方法有多种，主要有动物胶重量法和氢氟酸重量法，本实验采用 2 种方法。一是将试样经氢氧化钾熔融后，在强酸介质中与氟化铵和氯化钾生成六氟合硅酸钾（$K_2SiF_6$）沉淀，沉淀离心分离后水解析出氢氟酸，用氢氧化钠标准溶液进行滴定。二是利用样品中的二氧化硅与氢氟酸进行反应，可以生成可挥发的硅氟酸，用重量法测定游离二氧化硅的含量。

### 【仪器、试剂与材料】

1. 仪器：滴定管，镍（或铂金）坩埚，马弗炉，烧杯，塑料烧杯，离心机，量筒。

2. 试剂和材料：NaOH 溶液（$0.5mol \cdot L^{-1}$），邻苯二甲酸氢钾（基准物质），硅藻土样品，KOH 固体（分析纯），$HNO_3$（分析纯），草酸（10%），$NH_4F$（30%），酚酞指示剂（0.2% 的乙醇溶液），氢氟酸（分析纯），硫酸（1:2）。

5% 氯化钾乙醇溶液：称取氯化钾 5.0g 溶解于 50mL 蒸馏水中，加乙醇（95%）50mL，混合均匀。

### 【实验步骤】

1. $0.5mol \cdot L^{-1}$ NaOH 标准溶液的配制与标定

称取 20g 氢氧化钠溶解于 1000mL 新煮沸冷却后的蒸馏水中，贮存于塑料瓶中。

准确称取 110℃ 干燥至恒重的邻苯二甲酸氢钾约 3g 左右固体于烧杯中，加少量水振动摇晃使之溶解，再加 40~45mL 新煮沸过的冷水摇匀。加 2 滴酚酞指示剂，用配制好的氢氧化钠溶液进行滴定，至溶液呈浅粉红色，30s 不褪色即为终点。根据邻苯二甲酸氢钾的量和消耗的氢氧化钠溶液体积，即可计算出其浓度。

2. 硅藻土样品分析

方法一：准确称取 0.1~0.2g 硅藻土样品于镍坩埚中，加入 1~2g 氢氧化钾固体，放入马弗炉中进行灼烧，在550℃下熔融15min，冷却后加少量蒸馏水并用塑料棒搅拌溶解，转入塑料烧杯中，用少量蒸馏水洗涤坩埚2~3次，所有洗涤液合并于塑料烧杯中，塑料烧杯中总体积以不超过15mL为宜，然后加5mL硝酸于塑料烧杯中，中和氢氧化钾并呈强酸性，加10%草酸1mL，摇匀，再加30%的氟化铵2mL、饱和氯化钾2mL，摇匀，放入冷水中快速冷却，将沉淀及溶液转入20mL塑料离心管中，离心机以3000r•min⁻¹转速离心沉降沉淀（如离心管无法一次装入沉淀液，可先转入部分离心后倾去上层清液，再加沉淀液继续离心分离沉淀）。倾去上层清液后，用饱和氯化钾3mL洗涤沉淀及烧杯，再次离心分离。分离完全后在沉淀中加氯化钾乙醇溶液2mL，用塑料棒搅动并使沉淀转入原烧杯，如此3~5次，在烧杯中滴加0.2%的酚酞10滴，用氢氧化钠溶液中和至出现粉红色，加水100mL，将烧杯放置于70℃水浴中水解沉淀，然后趁热用氢氧化钠标准溶液对水解溶液进行滴定，至出现粉红色。平行测定3份。根据取样量以及氢氧化钠标准溶液的浓度和消耗体积，可计算出硅藻土中二氧化硅的含量。

方法二：准确称取550℃焙烧过的硅藻土约0.2000g（可用测定过灼烧失重的样品）；置于已在550℃灼烧过恒重的铂金坩埚中，加入氢氟酸5mL，滴入硫酸（1:2）2滴，缓慢蒸干，冷却至室温；再加5mL氢氟酸，继续加热蒸干；在550℃下灼烧，冷却，称至恒重。根据重量即可计算二氧化硅的含量。

## 【实验结果与数据处理】

### 1. 标定标准溶液浓度相关数据

| 项目 | | 1 | 2 | 3 |
|---|---|---|---|---|
| 邻苯二甲酸氢钾/g | | | | |
| NaOH 溶液体积/mL | 终读数 | | | |
| | 始读数 | | | |
| | 消耗体积 | | | |
| $c_{NaOH}$/mol•L⁻¹ | | | | |
| $\bar{c}_{NaOH}$/mol•L⁻¹ | | | | |
| 相对平均偏差/% | | | | |

计算公式为：

$$c_{NaOH} = \frac{m_{KHP}}{M_{KHP}\dfrac{V_{NaOH}}{1000}}$$

### 2. 用 NaOH 标准溶液滴定硅藻土处理后溶液相关数据

| 项目 | | 1 | 2 | 3 |
|---|---|---|---|---|
| 硅藻土样品质量/g | | | | |
| NaOH 溶液体积/mL | 终读数 | | | |
| | 始读数 | | | |
| | 消耗体积 | | | |
| $w_{SiO_2}$/% | | | | |
| $\bar{w}_{SiO_2}$/% | | | | |
| 相对平均偏差/% | | | | |

计算公式为：

$$w_{SiO_2} = \frac{c_{NaOH} \times \dfrac{V_{NaOH}}{1000} \times \dfrac{1}{4} \times M_{SiO_2}}{m_{试样}} \times 100\%$$

3. 用氢氟酸重量法测定硅含量相关数据

| 项目 | 1 | 2 | 3 |
|---|---|---|---|
| 坩埚质量 $m_0$/g | | | |
| HF 处理前坩埚与样品总质量 $m_1$/g | | | |
| HF 处理后坩埚与样品总质量 $m_2$/g | | | |
| $w_{SiO_2}$/% | | | |
| $\overline{w}_{SiO_2}$/% | | | |
| 相对平均偏差/% | | | |

计算公式为：

$$w_{SiO_2} = \frac{m_1 - m_2}{m_1 - m_0} \times 100\%$$

## 【实验注意事项】

1. 生成沉淀和中和游离酸时要保持尽量小的体积及室温下操作，防止五氟合硅酸钾水解。

2. 由于 $F^-$ 的存在，故反应应在塑料烧杯中进行，不能使用玻璃烧杯。

3. 样品中 $Al^{3+}$ 对实验有干扰，它与 $F^-$ 和 $Na^+$ 能生成六氟合铝酸钠，可加入草酸掩蔽 $Al^{3+}$。同时测定中不要引入 $Na^+$。

4. 将沉淀从离心管转移时，要注意转移完全和洗涤液体积的控制。

5. 用重量法测定时，注意一定要灼烧到恒重。

## 【思考题】

1. 实验时为什么用镍坩埚溶解样品？

2. 提取碱熔物质时采用的是硝酸，为什么不用盐酸？

3. 第一次用酚酞作指示剂滴定的目的是什么？它的终点颜色会不会影响第二次用酚酞作指示剂的滴定？

## 【e 网链接】

1. http：//www. gongshu. gov. cn/upload/file/20120704111549201. pdf

2. http：//wenku. baidu. com/view/b1b3f557f01dc281e53af074. html

# 实验 41　水泥熟料中 $SiO_2$、$Fe_2O_3$、$Al_2O_3$、CaO 和 MgO 含量的测定

## 【实验目的与要求】

1. 学习样品中复杂成分的系统分析，进行滴定分析以及重量分析的综合训练；

2. 了解用重量法测定水泥熟料中 $SiO_2$ 含量的原理与方法;

3. 掌握重量分析过程中沉淀、过滤、洗涤、灰化和灼烧等操作技能;

4. 进一步掌握配位滴定的基本原理和方法,通过控制试液的酸度、温度,选择适当的掩蔽剂和指示剂等条件,掌握在共存组分中分别测定硅、铁、铝、钙、镁等物质的含量;

5. 掌握配位滴定的几种测定方法——直接滴定、返滴定和差减滴定,并进行相关的计算。

**【实验原理】**

水泥熟料是水泥生料经 1400℃ 以上的高温燃烧而成的,它主要由二氧化硅、氧化钙、氧化铁和氧化铝 4 种氧化物组成,总和通常在水泥熟料中占 95％ 以上。通过对熟料分析,可以检验熟料质量以及烧成情况的好坏,根据得到的分析结果,可及时调整原料的配比以控制生产,所以对水泥熟料的准确分析在水泥生产中非常重要。

水泥热料中碱性氧化物占 60％ 以上,因此可以直接用盐酸分解,它们的成分波动范围:CaO 为 62％~67％,$SiO_2$ 为 20％~24％,$Al_2O_3$ 为 4％~7％,$Fe_2O_3$ 为 3％~6％。此外,还含有其他少量的一些氧化物如 MgO、$Na_2O$、$K_2O$、$TiO_2$、$Mn_2O_3$、$P_2O_5$、$SO_3$ 等。这些化合物用盐酸处理后,能生成硅酸和可溶性氯化物。

硅酸是一种弱的无机酸,在水溶液中主要以溶液状态存在,其化学式以 $SiO_2 \cdot nH_2O$ 形式来表示,如果用浓酸和加热蒸干等方法对它进行处理后,能使绝大部分硅酸水溶液脱水成水凝胶而析出,故可以利用沉淀分离法把硅酸与水泥中的铁、铝、钙、镁等其他组分分离。

二氧化硅的测定可采用氟硅酸钾容量法、动物胶凝剂重量法、氯化铵凝聚重量法、盐酸蒸干重量法等,本实验采用氯化铵凝聚重量法测定 $SiO_2$ 的含量。在水泥试样经盐酸分解后的溶液中,采用加热蒸发近干以及加固体氯化铵两种措施,使水溶性胶状硅酸尽可能全部脱水析出,蒸干脱水操作一般要求将溶液控制在 100~110℃ 温度下蒸发至近干。由于 HCl 受热后蒸发,硅酸中所含水分大部分被带走,硅酸水溶胶即凝聚成为水凝胶析出。由于溶液中的 $Fe^{3+}$、$Al^{3+}$ 等金属离子在温度超过 110℃ 时容易水解生成难溶性碱式盐,混在生成的硅酸凝胶中,从而使测定的 $SiO_2$ 的结果偏高,而使 $Al_2O_3$、$Fe_2O_3$ 测定结果偏低,故在加热蒸干时宜采用水浴加热方式以控制温度。

加入 $NH_4Cl$ 固体后,由于 $NH_4Cl$ 容易水解生成 $NH_3 \cdot H_2O$ 和 HCl,如又加热,易挥发逸去,从而消耗了水,因此能促进硅酸水溶胶的脱水作用,反应方程如下:

$$NH_4Cl + H_2O = NH_3 \cdot H_2O + HCl$$

由于含水硅酸的组成不固定,所以沉淀在经过滤、洗涤、烘干后,还需要用 950~1000℃ 的高温进行灼烧,把它灼烧成固体 $SiO_2$,然后进行称重,根据称得的沉淀重量计算 $SiO_2$ 的百分含量。

灼烧时的硅酸凝胶不仅会失去吸附水,还会失去结合水,脱水过程为:

$$H_2SiO_3 \cdot nH_2O \xrightarrow{110℃} H_2SiO_3 \xrightarrow{950\sim1000℃} SiO_2$$

灼烧所得的 $SiO_2$ 沉淀呈现的是雪白而又疏松的粉末状。如所得的沉淀呈现灰色、黄色或红棕色,说明沉淀不纯。如要求测定的结果准确比较高,则应将沉淀置于铂坩埚中进行灼烧和称重,然后用氢氟酸-硫酸处理,使 $SiO_2$ 生成 $SiF_4$ 挥发逸去:

$$SiO_2 + 4HF = SiF_4 \uparrow + H_2O$$

然后再对剩余残渣和坩埚进行称量，处理前后两次重量之差即为纯 $SiO_2$ 重量。

水泥中的铁、铝、钙、镁等组分，是以 $Fe^{3+}$、$Al^{3+}$、$Ca^{2+}$、$Mg^{2+}$ 等离子形式存在于过滤 $SiO_2$ 沉淀后的滤液中，这些金属离子都与 EDTA 形成稳定的络离子，但这些络离子的稳定性有比较明显的区别，因此我们只要控制适当的酸度就可用 EDTA 分别对它们进行滴定。

本法测定这些离子时控制的条件见下表。

| 项目＼化合物 | 氧化钙 | 氧化镁 | 氧化铁 | 氧化铝 |
|---|---|---|---|---|
| 滴定方法 | 直接滴定 | 差减法 | 直接滴定 | 返滴定 |
| pH | ＞12.5 | 10 | 1.6～1.8 | 3.8～4.0 |
| 温度 | 常温 | 常温 | 60～70℃ | 90℃左右 |
| 掩蔽剂 | 三乙醇胺 | 三乙醇胺 | | |
| 指示剂 | 钙黄绿素-百里酚酞 | 酸性铬蓝-萘酚绿 B | 磺基水杨酸 | PAN |

### 【仪器、试剂与材料】

1. 仪器：马弗炉，分析天平，容量分析常用仪器。

2. 试剂和材料：浓盐酸（AR），1∶1 HCl 溶液，3%HCl 溶液，浓硝酸，1∶1 氨水，10%NaOH 溶液，固体 $NH_4Cl$（AR），10% $NH_4SCN$ 溶液，1∶1 三乙醇胺，0.01mol·$L^{-1}$ EDTA 标准溶液，0.01mol·$L^{-1}$ $CuSO_4$ 标准溶液，10%磺基水杨酸指示剂，PAN 指示剂（0.2%乙醇溶液），钙指示剂，0.05%溴甲酚绿指示剂。

HAc-NaAc 缓冲溶液（pH＝4.3）：将 42.3g 无水乙酸钠溶于水中，加 80mL 冰醋酸，然后用水稀释至 1L，摇匀。

$NH_3$-$NH_4Cl$ 缓冲溶液（pH＝10）：称取 67g 固体氯化铵（分析纯）溶于少量水中，加 570mL 浓氨水，用水稀释至 1L。

酸性铬蓝 K-萘酚绿 B 混合指示剂：将 1g 酸性铬蓝 K 和 2.5g 萘酚绿 B 置于研钵中，充分混匀研细后，配成 2%的水溶液（加水 175mL）。

钙黄绿素-百里酚酞混合指示剂：1g 钙黄绿素和 1g 百里酚酞与 50g 固体硝酸钾磨细，混匀后储于小广口瓶中。

0.5～5.0 精密 pH 试纸。

### 【实验步骤】

1. $SiO_2$ 的测定

准确称取 0.5g 左右的试样两份，分别置于干燥的 50mL 烧杯中，加 2g 固体氯化铵，用平头玻璃棒混合均匀，盖上表面皿，沿杯口滴加 3mL 浓盐酸使试样全部湿润，再滴入 1～2 滴浓硝酸，仔细搅匀，使试样充分分解，然后将烧杯置于沸水浴上，杯上放一玻璃三角架，再盖上表面皿，水浴加热蒸发至干（大约需 10～15min）取下，加 10～15mL 热的稀盐酸（3%），用玻璃棒搅拌，使可溶性盐类完全溶解，用中速定量滤纸进行过滤，用胶头淀帚加以热的稀盐酸（3%）擦洗玻璃棒及烧杯内壁，洗涤沉淀至洗涤液中不含有 $Fe^{3+}$ 为止。

$Fe^{3+}$ 可用 10% $NH_4SCN$ 溶液进行检验，一般来说，洗涤 10～12 次即可以达到不含 $Fe^{3+}$，洗涤液也通过过滤，所有滤液保存在 250mL 容量瓶中，用纯水稀释至刻度，摇匀备用，以供测定 $Fe^{3+}$、$Al^{3+}$、$Ca^{2+}$、$Mg^{2+}$ 等金属离子之用。

将沉淀和滤纸一起移入已称至恒重的瓷坩埚内，先在电炉上烘干，再升高温度使滤纸充分灰化，然后置于 950～1000℃的高温炉内灼烧 30～40min，取出，稍冷后，再移置干燥器中冷却至室温（需 50～60min）后称量。如此反复灼烧—冷却—称重，直至恒重。

2. $Fe^{3+}$ 的测定

用移液管准确移取分离 $SiO_2$ 后的滤液 50mL 置于 250mL 锥形瓶中，加 50mL 蒸馏水，2 滴 0.05% 溴甲酚绿指示剂（溴甲酚绿指示剂在 pH 小于 3.8 时呈黄色，大于 5.4 时呈蓝色），此时溶液呈现黄色，逐滴滴加（1:1）的氨水溶液，使之成蓝色。然后再用（1:1）HCl 溶液调节到出现黄色后再过量 3 滴，此时溶液的酸度大约为 pH=2，加热至 70℃左右，取下，加 6～8 滴 10% 的磺基水杨酸指示剂，用 0.01mol·L$^{-1}$ EDTA 标准溶液对试液进行滴定。

在滴定开始时溶液呈紫红色，此时滴定速度宜稍快些。当溶液开始呈淡红紫色时，则需要把滴定速度放慢，一定要每加一滴，振荡摇动，观察看看，然后再加一滴，滴定时最好同时加热，直至溶液滴定到变成淡黄色，即到达滴定终点，消耗 EDTA 标准溶液体积 $V$ (mL)。如滴得太快或温度高于 75℃时，由于 EDTA 容易多加，此时 $Al^{3+}$ 亦可能与 EDTA 形成配合物，这样不仅会使 $Fe^{3+}$ 的结果偏高，同时还会使 $Al^{3+}$ 的结果偏低。

3. $Al^{3+}$ 的测定

在滴定铁含量后的溶液中，准确加入 25mL 0.01mol·L$^{-1}$ EDTA 标准溶液（用移液管准确加入），充分摇匀，然后再加入 15mL pH=4.3 的 HAc-NaAc 缓冲溶液，煮沸 1～2min，取下稍冷至 90℃左右，滴加 4 滴 0.2% 乙醇溶液的 PAN 指示剂，以 0.01mol·L$^{-1}$ $CuSO_4$ 标准溶液对它进行滴定。开始溶液为黄色，随着 $CuSO_4$ 标准溶液的加入，溶液颜色逐渐变绿并加深，当滴到最后随着一滴 $CuSO_4$ 加入，溶液突然变蓝紫，即滴到终点，在变蓝紫色之前，溶液颜色变化由蓝绿色变灰绿色的过程，在灰绿色溶液中再加 1 滴 $CuSO_4$ 溶液，即变紫色。

4. $Ca^{2+}$ 的测定

用移液管准确移取分离 $SiO_2$ 沉淀后的滤液 10mL 置于 250mL 锥形瓶中，加水稀释至约 100mL，加 4mL 三乙醇胺（1:1）溶液，摇匀，再加入 5mL 10% NaOH 溶液，再摇匀，加入约 0.01g 固体钙指示剂（用药勺小头取约 1 勺），此时溶液呈现酒红色，然后以 0.01mol·L$^{-1}$ EDTA 标准溶液滴定，至溶液由酒红色转变为蓝色，即为终点，记录消耗的 EDTA 的体积 $V_1$(mL)。

5. $Mg^{2+}$ 的测定

用移液管准确移取分离 $SiO_2$ 沉淀后的滤液 10mL 置于 250mL 锥形瓶中，加水稀释至约 100mL，加 4mL 三乙醇胺（1:1）溶液，摇匀后，再加入 10mL pH=10 的 $NH_3$-$NH_4Cl$ 缓冲溶液，再充分摇匀，加入适量的酸性铬蓝 K-萘酚绿 B 指示剂（此时溶液呈现淡紫红颜色），以 0.01mol·L$^{-1}$ EDTA 标准溶液滴定至溶液呈现蓝色，即为终点，记录消耗的 EDTA 体积 $V_2$(mL)。根据此 EDTA 浓度及消耗的体积，计算所得的为钙、镁总量，由此减去钙量即得到镁量。

**【实验结果与数据处理】**

1. 用重量法测定 $SiO_2$ 含量相关数据

| 项目 | 1 | 2 | 3 |
|---|---|---|---|
| 试样质量 $m_{试样}$/g | | | |
| $SiO_2$ 的质量 $m_{SiO_2}$/g | | | |
| $w_{SiO_2}$/% | | | |
| $\overline{w}_{SiO_2}$/% | | | |
| 相对平均偏差/% | | | |

计算公式：

$$w_{SiO_2} = \frac{m_{SiO_2}}{m_{试样}} \times 100\%$$

### 2. $Fe^{3+}$、$Al^{3+}$ 测定的相关数据

| 项目 | | 1 | 2 | 3 |
|---|---|---|---|---|
| 试样质量 $m_{试样}$/g | | | | |
| EDTA 溶液 体积 $V$/mL | 终读数 | | | |
| | 始读数 | | | |
| | 消耗体积 | | | |
| $w_{Fe_2O_3}$/% | | | | |
| $\overline{w}_{Fe_2O_3}$/% | | | | |
| 测定 $Fe^{3+}$ 后加入 EDTA 体积 | | | 25.00mL | |
| CuSO₄ 溶液 体积 $V$/mL | 终读数 | | | |
| | 始读数 | | | |
| | 消耗体积 | | | |
| $w_{Al_2O_3}$/% | | | | |
| $\overline{w}_{Al_2O_3}$/% | | | | |

计算公式：
$$w_{Fe_2O_3} = \frac{c_{EDTA} \times \dfrac{V_{EDTA}}{1000} \times \dfrac{1}{2} \times M_{Fe_2O_3}}{m_{试样} \times \dfrac{50.00}{250.00}} \times 100\%$$

$$w_{Al_2O_3} = \frac{\left[ c_{EDTA} \times \dfrac{25_{(EDTA)}}{1000} - c_{CuSO_4} \times \dfrac{V_{CuSO_4}}{1000} \right] \times \dfrac{1}{2} \times M_{Al_2O_3}}{m_{试样} \times \dfrac{50.00}{250.00}} \times 100\%$$

### 3. $Ca^{2+}$ 测定的相关数据

| 项目 | | 1 | 2 | 3 |
|---|---|---|---|---|
| 试样质量 $m_{试样}$/g | | | | |
| EDTA 溶液 体积 $V$/mL | 终读数 | | | |
| | 始读数 | | | |
| | 消耗体积 | | | |
| $w_{CaO}$/% | | | | |
| $\overline{w}_{CaO}$/% | | | | |

计算公式：

$$w_{CaO} = \frac{c_{EDTA} \times \dfrac{V_{1(EDTA)}}{1000} \times M_{CaO}}{m_{试样} \times \dfrac{10.00}{250.00}} \times 100\%$$

4. $Mg^{2+}$ 测定的相关数据

| 项目 | | 1 | 2 | 3 |
|---|---|---|---|---|
| 试样质量 $m_{试样}$/g | | | | |
| EDTA 溶液体积 $V$/mL | 终读数 | | | |
| | 始读数 | | | |
| | 消耗体积 | | | |
| $w_{MgO}$/% | | | | |
| $\overline{w}_{MgO}$/% | | | | |

计算公式：

$$w_{MgO} = \frac{\left[ c_{EDTA} \times \dfrac{V_{2(EDTA)}}{1000} - c_{EDTA} \times \dfrac{V_{1(EDTA)}}{1000} \right] \times M_{MgO}}{m_{试样} \times \dfrac{10.00}{250.00}} \times 100\%$$

**【实验注意事项】**

1. 在 $SiO_2$ 的测定中，处理试样时，要注意加入适量的浓硝酸，目的是使铁全部以正三价离子状态存在。

2. 在溶解试样和洗涤沉淀时，要使用热的稀的 HCl 溶液，以防止 $Fe^{3+}$、$Al^{3+}$ 的水解而混入硅酸及硅酸胶溶；而且洗涤时一定要到洗涤液中以不含有 $Fe^{3+}$ 为止，用 $NH_4SCN$ 检验，主要是 $Fe^{3+}$ 与 $NH_4SCN$ 能反应生成血红色的 $Fe(SCN)_3$ 络合物。

3. 在恒重操作中，每次的加热时间跟冷却时间要基本一致，以防止因温度不同，对称量产生影响。

4. 过滤后的滤纸包好后，将尖朝上小心放入瓷坩埚中，不要用石棉网，在电炉上加热灰化至无烟冒出，一定要注意金属钳不要碰到电炉丝。

5. 灼烧至恒重理论上指到质量不变，但实验中一般只要两次称量相差不超过 0.4mg，即认为达到恒重要求。

6. 分离 $SiO_2$ 沉淀以后的滤液要节约使用，尽可能多保留一些溶液，以便必要时用以进行重复测定。

7. 在滴定 $Fe^{3+}$ 时，应保持溶液温度为 70℃左右，温度太低（<50℃）时，由于指示剂会发生僵化现象，反应速率慢，误差也就较大；如温度太高（>75℃），$Fe^{3+}$ 会发生水解形成氢氧化铁，而且共存的 $Al^{3+}$ 也与 EDTA 配合，带来大的误差。

8. 在滴定 $Fe^{3+}$ 时，还要注意溶液酸度应控制在 1.5～2.5 之间，如酸度过高（pH<1.5），反应会不完全，如酸度过低（pH>3）时，$Fe^{3+}$ 开始生成红棕色的氢氧化铁，同时其他共存的 $Ti^{4+}$ 和 $Al^{3+}$ 等离子会产生干扰。

9. 溴甲酚绿指示剂不宜多加，如加多了，黄色的底色深。在铁的滴定中对终点的颜色变化观察受到影响。

10. 在 $Al^{3+}$ 的测定过程中，随着 $CuSO_4$ 溶液的滴加，溶液的颜色变化较为复杂，一定要注意最终蓝紫色滴定终点颜色出现。

【思考题】

1. 如何分解水泥熟料试样？分解时的化学反应是什么？

2. 用 EDTA 滴定 $Al^{3+}$ 时，为什么要用返滴定法？

3. 本实验测定 $SiO_2$ 含量的方法和原理是什么？

4. 连续滴定 $Fe^{3+}$、$Al^{3+}$ 的依据是什么？如何控制反应条件？

5. 试样分解后加热蒸发的目的是什么？操作中应注意些什么？

6. 在 $Fe^{3+}$、$Al^{3+}$、$Ca^{2+}$、$Mg^{2+}$ 等离子共存的溶液中，以 EDTA 标准溶液滴定 $Ca^{2+}$、$Mg^{2+}$ 两个离子的总量时，是怎样消除其他共存离子的干扰的？

7. 在滴定 $Fe^{3+}$、$Al^{3+}$、$Ca^{2+}$、$Mg^{2+}$ 等各种离子时，应分别控制什么样的酸度范围？如何控制？

8. 如 $Fe^{3+}$ 的测定结果不准确，则对 $Al^{3+}$ 的测定结果有什么影响？

9. 滴定 $Ca^{2+}$、$Mg^{2+}$ 时，如果溶液 pH>10，对 MgO 的测定结果有什么影响？

【e 网链接】

1. http://www.tyut.edu.cn/hgsfsyzx/lab_show.asp?id=144

2. http://www.doc88.com/p-083715736902.html

# 实验 42　洗衣粉中活性组分、含磷量与碱度的测定

【实验目的与要求】

1. 培养灵活运用酸碱滴定理论知识分析实际样品的能力；

2. 了解洗衣粉中活性组分、含磷量与碱度的测定方法；

3. 熟悉分光光度法中工作曲线的绘制及应用；

4. 学习洗衣粉中活性组分、含磷量与碱度的计算方法。

【实验原理】

烷基苯磺酸钠是洗衣粉的主要活性成分，具有良好的去污力，发泡力和乳化力。它在酸性、碱性和硬水中都很稳定。分析洗衣粉中烷基苯磺酸钠的含量，是控制产品质量的重要步骤。常采用对甲苯胺法测定洗衣粉中十二烷基苯磺酸钠的含量。十二烷基苯磺酸钠与盐酸对甲苯胺反应生成复盐 $RC_6H_4SO_3H \cdot NH_2C_6H_4CH_3$，采用溶剂萃取法将复盐萃取到 $CCl_4$ 中，再用 NaOH 标准溶液滴定，反应式如下：

$$RC_6H_4SO_3Na + CH_3C_6H_4 \cdot NH_2 \cdot HCl = RC_6H_4SO_3H \cdot NH_2C_6H_4CH_3 + NaCl$$

$$RC_6H_4SO_3H \cdot NH_2C_6H_4CH_3 + NaOH = RC_6H_4SO_3Na + CH_3C_6H_4NH_2 + H_2O$$

聚磷酸盐是洗衣粉中常见添加的一种助剂，可以增强洗涤效果，但会污染水质，因此必须限制使用。在强酸性介质中，聚磷酸盐解聚为正磷酸，溶液的 pH 调节为 3~4 时，磷酸主要以磷酸二氢根的形式存在，反应如下：

$$Na_5P_3O_{10} + 5HNO_3 + 2H_2O = 5NaNO_3 + 3H_3PO_4$$

$$H_3PO_4 + NaOH = NaH_2PO_4 + H_2O$$

以酚酞为指示剂，用 NaOH 标准溶液滴定至浅红色，磷酸二氢根转变为磷酸氢根，根据反应计量关系可测定洗衣粉中的聚磷酸盐含量。

碳酸钠等碱性物质也是洗衣粉中常见的添加助剂。常用活性碱度和总碱度两个指标来表示洗衣粉中碱性物质的含量。活性碱度指仅由氢氧化钠（或氢氧化钾）产生的碱度；总碱度则指由碳酸盐，碳酸氢盐，氢氧化钠及有机碱（如三乙醇胺）等产生的总碱度综合。以酚酞为指示剂，用 HCl 标准溶液滴定至洗衣粉溶液呈现浅红色测定洗衣粉的活性碱度，再以甲基橙为指示剂，继续用 HCl 标准溶液滴定至溶液变为橙色，测定总碱度指标。

### 【仪器、试剂与材料】

1. 仪器：分析天平，酸式及碱滴定管（50mL），容量瓶（250mL），锥形瓶，移液管（25mL），分液漏斗（250mL），电炉，量筒，pH 试纸。

2. 试剂与材料：$CCl_4$，硝酸溶液（1∶10），盐酸溶液（1∶1、0.5mol·$L^{-1}$、0.1mol·$L^{-1}$），50%NaOH，乙醇（95%），间甲酚紫指示剂（0.04%钠盐），酚酞指示剂（2%），甲基橙指示剂（0.1%），洗衣粉试样，NaOH 溶液：0.5mol·$L^{-1}$（标定）及 0.01mol·$L^{-1}$（标定）。

盐酸对甲苯胺溶液：粗称 10g 对甲苯胺，溶于 20mL 1∶1 盐酸中，加水至 100mL，使 pH＜2，溶液过程温热，以促进溶液。

### 【实验步骤】

1. 洗衣粉试液的配制

称取 1.5～2g（准确至 0.001g）洗衣粉试样分批加入 80mL 水中，搅拌促使其溶解可温热，转移至 250mL 容量瓶，稀释至刻度，贴标签，备用。

2. 烷基苯磺酸钠的测定

移去 25.00mL 洗衣粉试样溶于 250mL 分液漏斗中，用 1∶1 盐酸调 pH≤3，加 25mL $CCl_4$ 和 15mL 盐酸对甲苯胺溶液，剧烈振荡 2min（注意时常放气），静置 5min。分层后，放出 $CCl_4$ 层至锥形瓶中。再以 15mL $CCl_4$ 和 5mL 盐酸对甲苯胺溶液重复萃取两次，$CCl_4$ 层转至上述锥形瓶中。取 10mL 95%乙醇加入锥形瓶中增溶，再加入 0.04%间甲酚指示剂 5 滴，以 0.01mol·$L^{-1}$ NaOH 标准溶液滴定至溶液由黄色突变为紫色且 30s 不褪色即为终点，以十二烷基苯磺酸钠的质量分数表示洗衣粉中活性物质的含量。平行测定 3 份。

3. 活性碱度和总碱度测定

取 25.00mL 洗衣粉溶液至锥形瓶中，加入 2 滴酚酞指示剂，用 0.1mol·$L^{-1}$ HCl 标准溶液滴定至浅粉色（30s 内不褪色），计算以 $Na_2O$ 质量分数表示活性碱度。于测定过活性碱度的溶液中加入 2 滴甲基橙指示剂，继续滴定至橙色，计算以 $Na_2O$ 质量分数表示的碱度。平行测定 3 次。

4. 聚磷酸盐含量的测定

称取 1～1.2g（准确至 0.001g）洗衣粉至锥形瓶中，加入 50mL 去离子水，25mL 1∶10 硝酸溶液，摇匀，加入几粒沸石，小火加热沸腾 20min，冷却至室温。然后加 1 滴 0.1%甲基橙指示剂，边摇边滴加 50%NaOH 溶液至显浅黄色，再用 0.5mol·$L^{-1}$ HCl 溶液小心调制浅粉色。加入 15 滴 2%酚酞指示剂，以 0.5mol·$L^{-1}$ NaOH 标准溶液滴定至浅粉色并保持 30s 即为滴定终点。平行测定 3 份。计算聚磷酸盐的含量。

## 【实验结果与数据处理】

### 1. 烷基苯磺酸钠测定的相关数据

| 项目 | | 1 | 2 | 3 |
|---|---|---|---|---|
| 洗衣粉质量/g | | | | |
| 移取洗衣粉试液的体积/mL | | | | |
| NaOH 溶液体积/mL | 终读数 | | | |
| | 始读数 | | | |
| | 消耗体积 | | | |
| 十二烷基苯磺酸钠质量分数/% | | | | |
| 十二烷基苯磺酸钠质量分数的平均值/% | | | | |
| 相对平均偏差/% | | | | |

计算公式：

$$w_{十二烷基苯磺酸钠} = \frac{c_{NaOH}V_{NaOH} \times 10^{-3} M_{十二烷基苯磺酸钠}}{m_s \times \frac{25.00}{250.00}} \times 100\%$$

### 2. 活性碱度和总碱度测定的相关数据

| 项目 | | 1 | 2 | 3 |
|---|---|---|---|---|
| 洗衣粉质量/g | | | | |
| 移取洗衣粉试液的体积/mL | | | | |
| HCl 溶液体积/mL | 第二终读数 | | | |
| | 第一终读数 | | | |
| | 始读数 | | | |
| | 消耗体积 $V_1$ | | | |
| | 消耗体积 $V_2$ | | | |
| 活性碱度/% | | | | |
| 活性碱度平均值/% | | | | |
| 相对平均偏差/% | | | | |
| 总碱度/% | | | | |
| 总碱度平均值/% | | | | |
| 相对平均偏差/% | | | | |

计算公式：

$$活性碱度 = \frac{c_{HCl}V_{1HCl} \times 10^{-3} M_{Na_2O}}{m_s \times \frac{25.00}{250.00}} \times 100\%$$

$$总碱度 = \frac{c_{HCl}V_{2HCl} \times 10^{-3} M_{Na_2O}}{m_s \times \frac{25.00}{250.00}} \times 100\%$$

3. 聚磷酸盐含量测定的相关数据

| 项目 | | 1 | 2 | 3 |
|---|---|---|---|---|
| 洗衣粉质量/g | | | | |
| NaOH 溶液体积/mL | 终读数 | | | |
| | 始读数 | | | |
| | 消耗体积 | | | |
| 聚磷酸盐质量分数/% | | | | |
| 聚磷酸盐质量分数的平均值/% | | | | |
| 相对平均偏差/% | | | | |

计算公式：

$$w_{\text{聚磷酸盐}} = \frac{\frac{1}{3}c_{\text{NaOH}}V_{\text{NaOH}} \times 10^{-3} M_{\text{聚磷酸盐}}}{m_s} \times 100\%$$

**【实验注意事项】**

1. 配制洗衣粉溶液时，因液体表面有泡沫，定容时应以液面为准。

2. 测定烷基苯磺酸钠时，萃取后 $CCl_4$ 层为下层，放至锥形瓶中，一定注意不要把水层也放入锥形瓶。

**【思考题】**

1. 测定烷基苯磺酸钠时，为什么要萃取三次？若水层也放入锥形瓶，会产生什么后果？

2. 用 NaOH 滴定烷基苯磺酸钠与盐酸对甲苯胺的复盐，是否可用酚酞指示剂滴定终点？

3. 活性碱度和总碱度的测定为什么要采用不同的指示剂指示终点？

4. 测定聚磷酸盐的含量时，加入 1∶10 硝酸溶液的作用是什么？测定前为什么要用 NaOH 和 HCl 调节酸度？

**【e 网链接】**

1. http：//www. docin. com/p-492319588. html

2. http：//wenku. baidu. com/view/92d45b18fad6195f312ba623. html

3. http：//www. docin. com/p-24664405. html

# 实验 43　饲料中钙和磷含量的测定

**【实验目的与要求】**

1. 了解动物体内钙和磷等元素的生理作用；

2. 学习饲料样品的分解处理方法；

3. 熟悉间接高锰酸钾法测定钙的方法；

4. 学习分光光度法测定磷的实验原理和实验方法。

## 【实验原理】

钙和磷等元素是生物体的重要组成部分。钙是生物骨骼和牙齿的重要组分，是机体内含量最大的无机物，也是维持动物体内神经、肌肉、骨骼系统、细胞膜和毛细血管通透性正常功能所必需的。而动物体内不能自行合成钙，要靠外源途径提供。动物体的钙主要是由饲料提供。因而，饲料中钙含量的测定对于生物体的成长具有重要意义。磷是组成体内核糖核酸（RNA）和脱氧核糖核酸（DNA）的基本元素之一，对于生物遗传和蛋白质的生物合成具有十分重要的作用。同时，磷也是高能磷酸键化合物三磷酸腺苷（ATP）和多种辅酶的成分。

干法破坏饲料样品中的有机物质，以盐酸溶解残渣，用草酸铵沉淀钙，间接高锰酸钾法测定钙含量，而有机物破坏后，磷游离出来，在酸性溶液中，用钒钼酸铵试剂将磷转化为黄色的复合物 $(NH_4)_4PO_4NH_4VO_3 \cdot 16MoO_2$，于 420nm 波长处进行光度法测定。

## 【仪器、试剂与材料】

1. 仪器：马弗炉，分析天平，瓷坩埚（20～50mL），721 分光光度计，中速定量滤纸。

2. 试剂和材料：HCl 溶液（1:1、1:3），$H_2SO_4$ 溶液（1:6），$NH_3 \cdot H_2O$（1:1、1:5），$(NH_4)_2C_2O_4$ 溶液（4.2%），甲基红指示剂（$1g \cdot L^{-1}$乙醇溶液），硝酸（浓）。

高锰酸钾标准溶液（$0.01mol \cdot L^{-1}$）：以草酸钠标定。

钒钼酸铵显色剂（A 溶液：1.25g 分析纯偏钒钼酸铵加 250mL 浓硝酸溶解；B 溶液：25g 分析纯钼酸铵加 400mL 水溶解。在冷却条件下将 B 溶液倒入 A 溶液中，并加入蒸馏水配制成 1000mL 溶液存于棕色试剂瓶中并避光保存）。

磷标准溶液（$50\mu g \cdot mL^{-1}$）：将分析纯的磷酸二氢钾在 105℃下干燥 1h，置于干燥器中冷却。准确称取 0.2195g 溶于少量蒸馏水中定量转入 1000mL 容量瓶中，加入 3mL 浓硝酸，稀释至刻度，摇匀。

## 【实验步骤】

1. 饲料样品的处理

准确称取 5g 饲料样品于瓷坩埚中，于电炉上小心炭化，再置于马弗炉中于 550～600℃下灼烧 3h。残渣以 10mL 1:1 盐酸和数滴浓硝酸溶解，并小心煮沸，然后定量转移至 250mL 容量瓶中，冷却至室温，稀释至刻度，摇匀，待测。

2. 钙的测定

准确移取 25mL（约含钙 20mg）上述待测液于 250mL 烧杯中，加 50mL 水，2 滴甲基红指示剂，滴加 1:1 的氨水至溶液呈现橙色，再用 1:3 盐酸调节溶液恰好变为红色。小心煮沸，慢慢滴加 10mL 热的草酸铵溶液，并不断搅拌（若溶液变为橙色，应补加 1:3 盐酸使溶液刚呈现红色）煮沸 3～5min，过夜陈化或电炉上加热 0.5h。

以中速滤纸倾斜法过滤，并用 1:50 氨水溶液洗涤沉淀 7～9 次，直至滤液中无氯离子为止（接取滤液，在硝酸介质中以 $AgNO_3$ 溶液检查）。

将带有沉淀的滤纸铺在原烧杯内部，用 50mL $1mol \cdot L^{-1}$的 $H_2SO_4$ 溶液将沉淀洗入烧杯中，再用洗瓶冲洗两次，加入蒸馏水使总体积约为 100mL，加热至 75～85℃，用高锰酸钾标准溶液滴定至溶液呈淡红色，再将滤纸轻轻浸入溶液中，溶液褪色，继续滴定，直至出现淡红色，且 30s 不消失，即为终点。计算饲料中钙的质量分数。

3. 磷的测定

（1）标准曲线的绘制

分别准确移取磷标准溶液（50μg·mL$^{-1}$）0.00mL、2.00mL、4.00mL、6.00mL、8.00mL、10.00mL、12.00mL于50mL容量瓶中，各加10mL钒钼酸铵显色剂，稀释至刻度，摇匀，10min后，以空白溶液为参比，用1cm比色皿，于420nm处测定各溶液的吸光度值。以磷含量为横坐标、吸光度$A$为纵坐标，绘制标准曲线。

（2）样品的测定

准确移取被测液1～10mL（含磷50～500μg）于50mL容量瓶中，同上标准曲线的制作方法显色和测定，测定样品溶液的吸光度值，在标准曲线上查找试样的含磷量，计算饲料中磷的质量分数。

**【实验结果与数据处理】**

1. 饲料中钙含量测定的相关数据

$$c_{KMnO_4} = \underline{\hspace{3cm}} \ mol \cdot L^{-1}$$

| 项目 | | 1 | 2 | 3 |
|---|---|---|---|---|
| 饲料样品/g | | | | |
| 饲料溶液的定容体积/mL | | | | |
| 移取饲料样品溶液的体积/mL | | | | |
| KMnO$_4$溶液体积/mL | 终读数 | | | |
| | 始读数 | | | |
| | 消耗体积 | | | |
| $w_{Ca}$/% | | | | |
| $\overline{w}_{Ca}$/% | | | | |
| 相对平均偏差/% | | | | |

计算公式：

$$w_{Ca} = \frac{\frac{5}{2}c_{KMnO_4}V_{KMnO_4} \times 10^{-3}M_{Ca}}{m_s \times \frac{25.00}{250.00}} \times 100\%$$

2. 饲料中磷含量测定的相关数据

| 试样编号 项目 | 1 | 2 | 3 | 4 | 5 | 6 | 7 |
|---|---|---|---|---|---|---|---|
| 磷标准溶液体积/mL | 0.00 | 2.00 | 4.00 | 6.00 | 8.00 | 10.00 | 12.00 |
| 吸光度$A$ | | | | | | | |

**【实验注意事项】**

1. 饲料试样的选择要有代表性，应防止样品成分的变化和变质。

2. 若钒钼酸铵显色剂出现沉淀，则不能使用；需要重新配制。

3. 本实验中分光光度法测定磷的含量是指混合饲料或单一饲料中磷的总量，包括动物难以消化吸收的植酸磷。

4. 测定试样中钙含量时，以氨水和盐酸调节溶液pH为2.5～3.0时，可以反复调节，以保证溶液至恰当的酸度。

**【思考题】**

1. 饲料中钙和磷含量的测定还有哪些方式？
2. 实际样品的溶样方法有哪些？本实验用其他方法溶样可以吗？
3. 对实际样品进行分析时，应该注意什么？

**【e网链接】**

1. http：//www.docin.com/p-573265297.html
2. http：//shuju.aweb.com.cn/technology/2005/0622/47906513500.shtml

# 实验 44　蛋壳中 Ca、Mg 含量的测定

## 方法Ⅰ　配合滴定法测定蛋壳中 Ca、Mg 总量

**【实验目的与要求】**

1. 进一步巩固掌握配合滴定分析的方法与原理；
2. 学习使用配合掩蔽排除干扰离子影响的方法；
3. 训练对实际试样中某组分含量测定的一般步骤。

**【实验原理】**

鸡蛋壳的主要成分为 $CaCO_3$，其次为 $MgCO_3$、蛋白质、色素以及少量的 Fe、Al。由于试样中含酸不溶物较少，故可用盐酸将其溶解制成试液。试样经溶解后，$Ca^{2+}$、$Mg^{2+}$ 共存于溶液中。为提高配合选择性，在 pH=10 时，加入掩蔽剂三乙醇胺使之与 $Fe^{3+}$、$Al^{3+}$ 等离子生成更稳定的配合物，以排除它们对 $Ca^{2+}$、$Mg^{2+}$ 测量的干扰。调节溶液的酸度至 pH≥12，使 $Mg^{2+}$ 生成氢氧化物沉淀，以钙试剂作指示剂，用 EDTA 标准溶液滴定，可单独测定钙的含量。另取一份试样，调节其酸度至 pH=10，用铬黑 T 作指示剂，EDTA 标准溶液可直接测定溶液中钙和镁的总量，由总量减去钙量即得镁量。测定结果可以以 CaO 的质量分数表示。

**【仪器、试剂与材料】**

1. 仪器：锥形瓶（250mL），滴定管（50mL），移液管（25mL），容量瓶（250mL），分析天平，洗耳球，烧杯（250mL），量筒（20mL），滴管，铁架台。
2. 试剂和材料：HCl 溶液（6mol·$L^{-1}$），铬黑 T 指示剂，钙指示剂，三乙醇胺水溶液（1+2），$NH_4Cl$-$NH_3$ 缓冲溶液（pH=10），NaOH 溶液（100g·$L^{-1}$），EDTA 标准溶液（0.01mol·$L^{-1}$）。

**【实验步骤】**

1. 蛋壳的预处理

先将蛋壳洗净，加水煮沸 5~10min，去除蛋壳内表层的蛋白薄膜，然后把蛋壳放于烧杯中用小火（或在 105℃ 干燥箱中）烤干，研成粉末。

**2. 试样的溶解及试液的制备**

使用分析天平准确称取上述试样 0.25~0.30g，置于 250mL 烧杯中，加少量水润湿，盖上表面皿，从烧杯嘴处用滴管滴加 HCl 溶液 5mL 左右，使其完全溶解，必要时用小火加热（少量蛋白膜不溶）。冷却，转移至 250mL 容量瓶中，稀释至接近刻度线，若有泡沫，滴加 2~3 滴 95％乙醇，泡沫消除后，滴加水至刻度线摇匀。

**3. Ca、Mg 总量的测定**

用移液管准确吸取试液 25.00mL，置于 250mL 锥形瓶中，加蒸馏水 20mL，三乙醇胺 5mL，摇匀。再加 $NH_4Cl$-$NH_3 \cdot H_2O$ 缓冲液 10mL，摇匀。加入约 0.01g 铬黑 T 指示剂，用 EDTA 标准溶液滴定至溶液由酒红色恰变纯蓝色，即达终点，平行测定 3 次。根据 EDTA 消耗的体积计算 $Ca^{2+}$、$Mg^{2+}$ 总量，以 CaO 的含量表示。

**4. Ca 含量的测定**

用移液管准确吸取 25.00mL 上述待测试液于锥形瓶中，加入 20mL 蒸馏水和 5mL 三乙醇胺溶液，摇匀。再加入 NaOH 溶液 10mL，钙指示剂约 0.01g，摇匀后，用 EDTA 标准溶液滴定至由红色恰变为蓝色，即为终点，平行测定 3 次。根据所消耗 EDTA 标准溶液的体积计算 $Ca^{2+}$ 含量，以 CaO 的含量表示。试样中 Mg 含量用总含量减去 Ca 含量即可。

**【实验结果与数据处理】**

1. Ca、Mg 总量的测定

| 项目 | | 1 | 2 | 3 |
|---|---|---|---|---|
| 蛋壳试样的质量/g | | | | |
| EDTA 溶液的体积/mL | 始读数 | | | |
| | 终读数 | | | |
| | 消耗体积 | | | |
| $w_{CaO}$/% | | | | |
| $\overline{w}_{CaO}$/% | | | | |
| 相对平均偏差/% | | | | |

计算公式：

$$w_{CaO} = \frac{c_{EDTA} V_{EDTA-总} M_{CaO}}{1000 m_s \times \dfrac{25.00}{250.00}} \times 100\%$$

式中，$m_s$ 为蛋壳试样的质量，g。

2. Ca 含量的测定

| 项目 | | 1 | 2 | 3 |
|---|---|---|---|---|
| EDTA 溶液的体积/mL | 始读数 | | | |
| | 终读数 | | | |
| | 消耗体积 | | | |
| $w_{CaO}$/% | | | | |
| $\overline{w}_{CaO}$/% | | | | |
| 相对平均偏差/% | | | | |

计算公式：

$$w_{CaO} = \frac{c_{EDTA} V_{EDTA-Ca} M_{CaO}}{1000 m_s \times \dfrac{25.00}{250.00}} \times 100\%$$

式中，$m_s$ 为蛋壳试样的质量，g。

### 【实验注意事项】

1. 蛋壳中钙主要以 $CaCO_3$ 形式存在，同时也有 $MgCO_3$，因此以 CaO 含量表示 Ca＋Mg 总量。

2. 配制蛋壳溶液时务必将蛋壳全部溶解，消除溶解产生的气泡，避免颗粒物与气泡对滴定时的影响。

3. 钙指示剂切记不能滴加过多，滴加过多溶液在滴定时就不会变色。

### 【思考题】

1. 蛋壳粉溶解稀释时为何加 95％乙醇可以消除泡沫？

2. 如何确定蛋壳粉末的称量范围？

### 【e 网链接】

http：//hxzx.jlu.edu.cn/lab/2jiaoxue/xiangmu/analytical％20chem/309.htm

## 方法Ⅱ  酸碱滴定法测定蛋壳中 CaO 的含量

### 【实验目的与要求】

1. 学习用酸碱滴定方法测定 $CaCO_3$ 的原理及指示剂选择；

2. 巩固滴定分析基本操作；

3. 训练对实际试样中某组分含量测定的一般步骤。

### 【实验原理】

鸡蛋壳中的钙主要以 $CaCO_3$ 的形式存在。同时也有 $MgCO_3$。碳酸盐能与 HCl 发生如下反应：

$$CaCO_3 + 2H^+ \xlongequal{\quad} Ca^{2+} + CO_2 \uparrow + H_2O$$

$$MgCO_3 + 2H^+ \xlongequal{\quad} Mg^{2+} + CO_2 \uparrow + H_2O$$

因此可以 CaO 的含量表示蛋壳中 Ca、Mg 的总量。过量的酸可用 NaOH 标准溶液回滴。据实际与 $CaCO_3$ 反应的盐酸标准溶液的体积可求得蛋壳中 $CaCO_3$ 的含量，以 CaO 的质量分数表示。

### 【仪器、试剂与材料】

1. 仪器：锥形瓶（250mL），滴定管（50mL），移液管（25mL），容量瓶（500mL），分析天平，洗耳球，烧杯（500mL），量筒（50mL），滴管，铁架台。

2. 试剂和材料：浓 HCl，NaOH，甲基橙指示剂（$1g \cdot L^{-1}$），基准物质 $Na_2CO_3$（s）。

### 【实验步骤】

1. $0.5 mol \cdot L^{-1}$ NaOH 溶液的配制

　　称取 NaOH 固体 10g 于烧杯中，加 $H_2O$ 溶解后移至试剂瓶中，用蒸馏水稀释至500mL，加橡皮塞，摇匀。

　　2. $0.5mol \cdot L^{-1}$ 盐酸的配制

　　用量筒量取浓盐酸 21mL 于烧杯中，加 $H_2O$ 溶解后移至 500mL 试剂瓶中，用蒸馏水稀释至刻度，加盖，摇匀。

　　3. 酸碱溶液的标定

　　用分析天平称取 3 份基准物质 $Na_2CO_3$ 于 250mL 锥形瓶中，每份约 0.55～0.65g。分别加入 50mL 煮沸去除 $CO_2$ 并冷却的蒸馏水，摇匀，温热使溶解，加入 1～2 滴甲基橙指示剂，用以上配制的 HCl 溶液滴定至橙色，即为终点。计算 HCl 的准确浓度。再用该 HCl 标准溶液标定 NaOH 溶液。

　　4. CaO 含量的测定

　　用分析天平称取预处理的蛋壳 0.3g 于锥形瓶中，用酸式滴定管逐滴加入已标定好的 HCl 标准溶液 40mL 左右（需精确读数），小火加热溶解，冷却，加甲基橙指示剂 1～2 滴，以 NaOH 标准溶液回滴至橙黄色，平行测定 3 次。

**【实验结果与数据处理】**

1. $0.5mol \cdot L^{-1}$ HCl 溶液的标定

| 项目 | | 1 | 2 | 3 |
|---|---|---|---|---|
| 无水 $Na_2CO_3$ 的质量/g | | | | |
| HCl 溶液的体积/mL | 始读数 | | | |
| | 终读数 | | | |
| | 消耗体积 | | | |
| $c_{HCl}$/mol·$L^{-1}$ | | | | |
| $\bar{c}_{HCl}$/mol·$L^{-1}$ | | | | |
| 相对平均偏差/% | | | | |

计算公式：

$$c_{HCl} = \frac{2000 m_{Na_2CO_3}}{M_{Na_2CO_3} V_{HCl}}$$

2. $0.5mol \cdot L^{-1}$ NaOH 溶液的标定

| 项目 | | 1 | 2 | 3 |
|---|---|---|---|---|
| NaOH 溶液的体积/mL | | | | |
| HCl 溶液的体积/mL | 始读数 | | | |
| | 终读数 | | | |
| | 消耗体积 | | | |
| $c_{NaOH}$/mol·$L^{-1}$ | | | | |
| $\bar{c}_{NaOH}$/mol·$L^{-1}$ | | | | |
| 相对平均偏差/% | | | | |

计算公式为：

$$c_{NaOH} = \frac{c_{HCl} V_{HCl}}{V_{NaOH}}$$

### 3. CaO 含量的测定

| 项目 | | 1 | 2 | 3 |
|---|---|---|---|---|
| 蛋壳试样的质量/g | | | | |
| HCl 溶液的体积/mL | 始读数 | | | |
| | 终读数 | | | |
| | 消耗体积 | | | |
| NaOH 溶液的体积/mL | 始读数 | | | |
| | 终读数 | | | |
| | 消耗体积 | | | |
| $w_{CaO}/\%$ | | | | |
| $\overline{w}_{CaO}/\%$ | | | | |
| 相对平均偏差/% | | | | |

计算公式为：$w_{CaO} = \dfrac{(c_{HCl}V_{HCl} - c_{NaOH}V_{NaOH})\,M_{CaO}}{2000 m_s} \times 100\%$

式中，$m_s$ 为蛋壳试样的质量，g。

### 【实验注意事项】

1. 蛋壳中钙主要以 $CaCO_3$ 形式存在，同时也有 $MgCO_3$，因此以 CaO 存量表示 Ca + Mg 总量。

2. 溶解时需加热一定时间，试样中有不溶物，如蛋白质之类，但不影响测定。

### 【思考题】

1. 蛋壳称样量多少是依据什么估算？

2. 蛋壳溶解时应注意什么？

### 【e 网链接】

1. http：//wenku. baidu. com/view/eeb6450f52ea551810a687ac. html

2. http：//www. docin. com/p-390524050. html

## 方法Ⅲ  高锰酸钾法测定蛋壳中 CaO 的含量

### 【实验目的与要求】

1. 学习间接氧化还原测定 CaO 的含量；

2. 巩固沉淀分离、过滤洗涤与滴定分析基本操作；

3. 训练对实际试样中某组分含量测定的一般步骤。

### 【实验原理】

鸡蛋壳的主要成分为 $CaCO_3$，其次为 $MgCO_3$、蛋白质、色素以及少量的 Fe、Al。利用蛋壳中的 $Ca^{2+}$ 与草酸盐形成难溶的草酸盐沉淀，将沉淀经过滤洗涤分离后溶解，用高锰酸钾法测定 $C_2O_4^{2-}$ 含量，换算出 CaO 的含量，反应如下：

$$Ca^{2+} + C_2O_4^{2-} \xrightarrow{\quad\quad} CaC_2O_4 \downarrow$$

$$CaC_2O_4 + H_2SO_4 \xrightarrow{\quad\quad} CaSO_4 + H_2C_2O_4$$

$$5H_2C_2O_4 + 2MnO_4^- + 6H^+ \xrightarrow{\quad\quad} 2Mn^{2+} + 10CO_2 \uparrow + 8H_2O$$

某些金属离子，如 $Ba^{2+}$、$Sr^{2+}$、$Mg^{2+}$、$Pb^{2+}$、$Cd^{2+}$ 等，能与 $C_2O_4^{2-}$ 能形成沉淀，对测定 $Ca^{2+}$ 有干扰，可通过陈化等操作来消除或减弱其对实验的影响。

## 【仪器、 试剂与材料】

1. 仪器：锥形瓶（250mL），滴定管（50mL），分析天平，洗耳球，烧杯（250mL），量筒（10mL、50mL），玻璃砂芯漏斗，抽滤瓶（250mL），水浴锅，电炉，铁架台，漏斗，滤纸。

2. 试剂和材料：$KMnO_4$ 溶液（0.01mol·$L^{-1}$），$Na_2C_2O_4$（s），$(NH_4)_2C_2O_4$ 溶液 2.5%，氨水 10%，浓盐酸，$H_2SO_4$ 溶液（1mol·$L^{-1}$），盐酸溶液（1∶1），甲基橙（2g·$L^{-1}$），$AgNO_3$ 溶液（0.1mol·$L^{-1}$）。

## 【实验步骤】

1. 0.01mol·$L^{-1}$ $KMnO_4$ 溶液的配制

称取稍多于计算量的 $KMnO_4$，溶于适量的水中，加热煮沸 20～30min（随时加水补充因蒸发而损失的水）。冷却后在暗处放置 7～10 天（如果溶液经煮沸并在水浴中保温 1h，也可放置 2～3 天），然后用玻璃砂芯漏斗（或玻璃纤维）过滤除去 $MnO_2$ 等杂质。滤液贮存于棕色玻璃瓶中，待测定。

2. $KMnO_4$ 溶液浓度的标定

精确称取烘干后的分析纯 $Na_2C_2O_4$ 晶体 0.06～0.08g 于 250mL 锥形瓶中，加 10mL 蒸馏水使之溶解，再加 30mL 1mol·$L^{-1}$ 的 $H_2SO_4$ 溶解，加热至 75～85℃，立即用待标定的 $KMnO_4$ 溶液标定。开始滴定时反应速度慢，每加入一滴 $KMnO_4$ 溶液，都摇动锥形瓶，使 $KMnO_4$ 溶液颜色褪去后，再继续滴定。待溶液中产生 $Mn^{2+}$ 后，滴定速度可加快，临近终点时减慢速度，同时充分摇匀，至溶液突变为浅红色并持续 0.5min 不褪色即为滴定终点，平行滴定 3 次，计算 $KMnO_4$ 溶液的浓度。

3. 蛋壳中 CaO 含量的测定

准确称取蛋壳粉 0.07～0.08g，放在 250mL 烧杯中，加（1∶1）盐酸溶液 3mL，加蒸馏水 20mL，加热溶解，若有不溶解蛋白质可过滤除去。滤液置于烧杯中，然后加入 2.5% $(NH_4)_2C_2O_4$ 溶液 50mL，若出现沉淀，再滴加浓盐酸使之溶解，然后加热至 70～80℃，加入 2～3 滴甲基橙，溶液呈红色，逐滴加入 10% 氨水，不断搅拌，直至变黄并有氨味溢出为止。将溶液放置陈化，沉淀经过滤洗涤，直至无 $Cl^-$（$AgNO_3$ 溶液检验）。然后将带有沉淀的滤纸洗入烧杯中，再用洗瓶吹洗 1～2 次，然后稀释溶液至体积约为 100mL，加热至 75～85℃，用高锰酸钾标准溶液滴定至溶液呈浅红色，再把滤纸推入溶液中，再滴加高锰酸钾至浅红色在 30s 内不褪色为终点。根据上述方法平行滴定 3 次，计算相关数据。

## 【实验结果与数据处理】

1. 0.01mol·$L^{-1}$ $KMnO_4$ 溶液的标定

| 项目 | | 1 | 2 | 3 |
|---|---|---|---|---|
| $Na_2C_2O_4$ 晶体的质量/g | | | | |
| $KMnO_4$ 溶液的体积/mL | 始读数 | | | |
| | 终读数 | | | |
| | 消耗体积 | | | |

续表

| 项目 | 1 | 2 | 3 |
|---|---|---|---|
| $c_{KMnO_4}/mol \cdot L^{-1}$ | | | |
| $\bar{c}_{KMnO_4}/mol \cdot L^{-1}$ | | | |
| 相对平均偏差/% | | | |

计算公式：

$$c_{KMnO_4} = \frac{400 m_{Na_2C_2O_4}}{M_{Na_2C_2O_4} V_{KMnO_4}}$$

### 2. 蛋壳中 CaO 含量的测定

| 项目 | | 1 | 2 | 3 |
|---|---|---|---|---|
| 蛋壳试样的质量/g | | | | |
| $KMnO_4$ 溶液的体积/mL | 始读数 | | | |
| | 终读数 | | | |
| | 消耗体积 | | | |
| $w_{CaO}$/% | | | | |
| $\bar{w}_{CaO}$/% | | | | |
| 相对平均偏差/% | | | | |

计算公式：

$$w_{CaO} = \frac{5 c_{KMnO_4} V_{KMnO_4} M_{CaO}}{2000 m_s} \times 100\%$$

式中，$m_s$ 为蛋壳试样的质量，g。

### 【实验注意事项】

1. 若在中性或弱碱性溶液中沉淀，会有部分 $Ca(OH)_2$ 或 $Ca_2(OH)_2C_2O_4$ 生成，使测定结果偏低。

2. 由于 $C_2O_4^{2-}$ 浓度缓慢地增大，沉淀是在相对过饱和度很小的条件逐渐生成的，所得沉淀的颗粒比较大，便于后面的过滤和洗涤。

3. 因吸附作用是放热过程，所以溶液的温度升高可减少沉淀对 $C_2O_4^{2-}$ 的吸附。

### 【思考题】

1. 用 $(NH_4)_2C_2O_4$ 沉淀 $Ca^{2+}$，为什么要先在酸性溶液中加入沉淀剂，然后在 75~85℃时滴加氨水至甲基橙变黄，使 $CaC_2O_4$ 沉淀？

2. 为什么沉淀要洗至无 $Cl^-$ 为止？

### 【e 网链接】

1. http：//wenku. baidu. com/link? url＝ym3pT1sbLQnqixFhWXebgM-JCWw71rrC tzlhv5rPeWKKhPYbagqID8Zarqdx _ O09UgJ2eR2KwsL0gXhPM5mPw2-x8d3hcLnUyVlIWL-IJE7

2. http：//wenku. baidu. com/link? url＝VQBvs5zbcgmYSMZZ1 _ dexz69LMYOLJT jgpVXnNEilJiYTu50HIjMhAUXYQV2yIVknBMbwaXVa9mGKa3Mz7gbpKOu-ExdyPjMP-SORhhcixh3

3. http：//wenku. baidu. com/link? url＝o96fzIHGOKwuFLB0FRId6CycY0u _ CsJJh 38f _ 43wTW0j8Co0lhWAG0yhhPK7QwOyT6od8O4r4nRQIoL070rcaAJ7F6l2B1J3czu4s65o6Bu

附 录

# 附录 1　洗涤液的配制及使用

| 序号 | 洗液名称 | 实验步骤 |
|---|---|---|
| 1 | 铬酸洗液 | 铬酸洗液主要用于去除少量油污,是无机及分析化学实验室中最常用的洗涤液。使用时应先将待洗仪器用自来水冲洗一遍,尽量将附着在仪器上的水控净,然后用适量的洗液浸泡<br>配制方法:称取 25g 化学纯 $K_2Cr_2O_7$ 置于烧杯中,加 50mL 水溶解,然后一边搅拌一边慢慢沿着烧杯壁加入 450mL 工业浓 $H_2SO_4$,冷却后转移到有玻璃塞的细口瓶中保存 |
| 2 | 酸性洗液 | 工业盐酸(1:1)用于去除碱性物质和无机物残渣,使用方法与铬酸洗液相同 |
| 3 | 碱性洗液 | 1%的 NaOH 水溶液,可用于去除油污,加热时效果较好,但长时间加热会腐蚀玻璃。使用方法与铬酸洗液相同 |
| 4 | 草酸洗液 | 用于除去 Mn、Fe 等的氧化物。加热时洗涤效果更好。<br>配制方法:5~10g 草酸溶于 100mL 水中,再加入少量浓盐酸 |
| 5 | 盐酸-乙醇溶液 | 用于洗涤被染色的比色皿、比色管和吸量管等。<br>配制方法:将化学纯的盐酸与乙醇以 1:2 的体积比混合 |
| 6 | 酒精与浓硝酸的混合液 | 此溶液适合于洗涤滴定管。使用时,先在滴定管中加入 3mL 酒精,沿壁再加入 4mL 浓 $HNO_3$,盖上滴定管管口,利用反应所产生的氧化氮洗涤滴定管 |
| 7 | 含 $KMnO_4$ 的 NaOH 水溶液 | 将 10g $KMnO_4$ 溶于少量水中,向该溶液中注入 100mL 10% NaOH 溶液即成。该溶液适用于洗涤油污及有机物,洗后在玻璃器皿上留下的 $MnO_2$ 沉淀,可用酸性草酸溶液或盐酸羟胺溶液将其洗掉 |

# 附录 2　我国化学试剂纯度与试剂规格

| 中文名称 | 英文名称 | 缩写或简称 | 标签颜色 | 用途 |
|---|---|---|---|---|
| 高纯物质(特纯) | Extra Pure | EP | 无 | 包括超纯、特纯、高纯、光谱纯,配制标准溶液 |

续表

| 中文名称 | 英文名称 | 缩写或简称 | 标签颜色 | 用途 |
|---|---|---|---|---|
| 光谱纯 | Spectrum Pure | SP | 无 | 用于光谱分析 |
| 基准试剂 | Primary Reagent | PT | 深绿色 | 作为基准物质,标定标准溶液 |
| 分光纯 | Ultraviolet Pure | UV | 无 | 用于光谱分析 |
| 优级纯试剂(一级品) | Guaranteed Reagent | GR | 绿色 | 适用于最精确分析及研究工作 |
| 分析纯试剂(二级品) | Analytical Reagent | AR | 红色 | 适用于精确的微量分析工作 |
| 化学纯试剂(三级) | Chemical Pure | CP | 蓝色 | 适用于一般的微量分析实验 |
| 实验试剂 | Laboratory Reagent | LR | 黄色或棕色 | 适用于一般定性检验 |
| 生化试剂 | Biochemical Reagent | BR | 咖啡色(玫瑰色) | 配制生物化学检验试液和生化合成 |
| 工业纯 | Technical Pure | TP | 无 | 工业用 |

# 附录 3  市售酸碱试剂的浓度及相对密度

| 试剂 | 相对密度 | 物质的量浓度/mol·L$^{-1}$ | 质量百分浓度/% |
|---|---|---|---|
| 冰醋酸 | 1.05 | 17.4 | 99.7 |
| 氨水 | 0.90 | 14.8 | 28.0 |
| 苯胺 | 1.022 | 11.0 | |
| 盐酸 | 1.19 | 11.9 | 36.5 |
| 氢氟酸 | 1.14 | 27.4 | 48.0 |
| 硝酸 | 1.42 | 15.8 | 70.0 |
| 高氯酸 | 1.67 | 11.6 | 70.0 |
| 磷酸 | 1.69 | 14.6 | 85.0 |
| 硫酸 | 1.84 | 17.8 | 95.0 |
| 三乙醇胺 | 1.124 | 7.5 | |
| 浓氢氧化钠 | 1.44 | 14.4 | 40 |
| 饱和氢氧化钠 | 1.539 | 20.07 | |

## 附录4　常用缓冲溶液及其配制方法

| 缓冲溶液组成 | p$K_a$ | 缓冲溶液 pH | 配制方法 |
|---|---|---|---|
| 一氯乙酸-NaOH | 2.86 | 2.8 | 将 200g 一氯乙酸 200mL 水中,加 NaOH40g,溶解后稀释至 1L |
| 甲酸-NaOH | 3.76 | 3.7 | 将 95g 甲酸和 40g NaOH 溶于 500mL 水中,稀释至 1L |
| $NH_4Ac$-HAc | 4.74 | 4.5 | 将 77g $NH_4Ac$ 溶于 200mL 水中,加冰 HAc 59mL,稀释至 1L |
| NaAc-HAc | 4.74 | 5.0 | 将 120g 无水 NaAc 溶于水,加冰 HAc 60mL 稀释至 1L |
| $(CH_2)_6N_4$-HCl | 5.15 | 5.4 | 将 40g 六亚甲基四胺溶于 200mL 水中,加浓 HCl 10mL,稀释至 1L |
| $NH_4Ac$-HAc | 4.74 | 6.0 | 将 600g $NH_4Ac$ 溶于水中,加冰 HAc 20mL,稀释至 1L |
| $NH_4Cl$-$NH_3$ | 9.26 | 8.0 | 将 100g $NH_4Cl$ 溶于水中,加浓氨水 7.0mL,稀释至 1L |
| $NH_4Cl$-$NH_3$ | 9.26 | 9.0 | 将 70g 溶于水中,加浓氨水 48mL 稀释至 1L |
| $NH_4Cl$-$NH_3$ | 9.26 | 10 | 将 54g $NH_4Cl$ 溶于水中,加浓氨水 350mL 稀释至 1L |

## 附录5　常用基准物质的干燥条件和应用

| 基准物质 名称 | 分子式 | 干燥后的组成 | 干燥条件和温度/℃ | 标定对象 |
|---|---|---|---|---|
| 碳酸氢钠 | $NaHCO_3$ | $Na_2CO_3$ | 270～300 | 酸 |
| 十水合碳酸钠 | $Na_2CO_3 \cdot 10H_2O$ | $Na_2CO_3$ | 270～300 | 酸 |
| 硼砂 | $Na_2B_4O_7 \cdot 10H_2O$ | $Na_2B_4O_7 \cdot 10H_2O$ | 放在装有 NaCl 和蔗糖饱和溶液的密闭器皿中 | 酸 |
| 碳酸氢钾 | $KHCO_3$ | $K_2CO_3$ | 270～300 | 酸 |
| 二水合草酸 | $H_2C_2O_4 \cdot 2H_2O$ | $H_2C_2O_4 \cdot 2H_2O$ | 室温空气干燥 | 酸或 $KMnO_4$ |
| 邻苯二甲酸氢钾 | $KHC_8H_4O_4$ | $KHC_8H_4O_4$ | 110～120 | 碱 |
| 重铬酸钾 | $K_2Cr_2O_7$ | $K_2Cr_2O_7$ | 140～150 | 还原剂 |

续表

| 基准物质 | | 干燥后的组成 | 干燥条件和温度/℃ | 标定对象 |
|---|---|---|---|---|
| 名称 | 分子式 | | | |
| 溴酸钾 | KBrO₃ | KBrO₃ | 130 | 还原剂 |
| 碘酸钾 | KIO₃ | KIO₃ | 130 | 还原剂 |
| 铜 | Cu | Cu | 室温干燥器中保存 | 还原剂 |
| 三氧化二砷 | As₂O₃ | As₂O₃ | 室温干燥器中保存 | 氧化剂 |
| 草酸钠 | Na₂C₂O₄ | Na₂C₂O₄ | 130 | 氧化剂 |
| 碳酸钙 | CaCO₃ | CaCO₃ | 110 | EDTA |
| 锌 | Zn | Zn | 室温干燥器中保存 | EDTA |
| 氧化锌 | ZnO | ZnO | 900~1000 | EDTA |
| 氯化钠 | NaCl | NaCl | 500~600 | AgNO₃ |
| 氯化钾 | KCl | KCl | 500~600 | AgNO₃ |
| 硝酸银 | AgNO₃ | AgNO₃ | 220~250 | 氧化物 |

# 附录 6  常用数据检验 $Q$ 值表

| 测定次数 $n$ | 2 | 3 | 4 | 5 | 6 | 7 | 8 | 9 | 10 |
|---|---|---|---|---|---|---|---|---|---|
| $Q_{0.90}$ | … | 0.94 | 0.76 | 0.64 | 0.56 | 0.51 | 0.47 | 0.44 | 0.41 |
| $Q_{0.95}$ | … | 1.53 | 1.05 | 0.86 | 0.76 | 0.69 | 0.64 | 0.60 | 0.58 |

# 附录 7  弱酸及其共轭碱在水中的解离常数（25℃，$I=0$）

| 弱酸 | 分子式 | $K_a$ | $pK_a$ | 共轭碱 | |
|---|---|---|---|---|---|
| | | | | $pK_b$ | $K_b$ |
| 砷酸 | H₃AsO₄ | $6.3\times10^{-3}(K_{a_1})$ | 2.20 | 11.80 | $1.6\times10^{-12}(K_{b_3})$ |
| | | $1.0\times10^{-7}(K_{a_2})$ | 7.00 | 7.00 | $1.0\times10^{-7}(K_{b_2})$ |
| | | $3.2\times10^{-12}(K_{a_3})$ | 11.50 | 2.50 | $3.1\times10^{-3}(K_{b_1})$ |
| 亚砷酸 | HAsO₂ | $6.0\times10^{-10}$ | 9.22 | 4.78 | $1.7\times10^{-5}$ |
| 硼酸 | H₃BO₃ | $5.8\times10^{-10}$ | 9.24 | 4.76 | $1.7\times10^{-5}$ |
| 焦硼酸 | H₂B₄O₇ | $1.0\times10^{-4}(K_{a_1})$ | 4 | 10 | $1.0\times10^{-10}(K_{b_2})$ |
| | | $1.0\times10^{-9}(K_{a_2})$ | 9 | 5 | $1.0\times10^{-5}(K_{b_1})$ |
| 碳酸 | H₂CO₃ | $4.2\times10^{-7}(K_{a_1})$ | 6.38 | 7.62 | $2.4\times10^{-8}(K_{b_2})$ |
| | (CO₂+H₂O) | $5.6\times10^{-11}(K_{a_2})$ | 10.25 | 3.75 | $1.8\times10^{-4}(K_{b_1})$ |
| 氢氰酸 | HCN | $6.2\times10^{-10}$ | 9.21 | 4.79 | $1.6\times10^{-5}$ |
| 铬酸 | H₂CrO₄ | $1.8\times10^{-1}(K_{a_1})$ | 0.74 | 13.26 | $5.6\times10^{-14}(K_{b_2})$ |
| | | $3.2\times10^{-7}(K_{a_2})$ | 6.50 | 7.50 | $3.1\times10^{-8}(K_{b_1})$ |
| 氢氟酸 | HF | $6.6\times10^{-4}$ | 3.18 | 10.82 | $1.5\times10^{-11}$ |

| 弱酸 | 分子式 | $K_a$ | $pK_a$ | 共轭碱 | |
|---|---|---|---|---|---|
| | | | | $pK_b$ | $K_b$ |
| 亚硝酸 | $HNO_2$ | $5.1 \times 10^{-4}$ | 3.29 | 10.71 | $1.2 \times 10^{-11}$ |
| 过氧化氢 | $H_2O_2$ | $1.8 \times 10^{-12}$ | 11.75 | 2.25 | $5.6 \times 10^{-3}$ |
| 磷酸 | $H_3PO_4$ | $7.6 \times 10^{-3}(K_{a_1})$ | 2.12 | 11.88 | $1.3 \times 10^{-12}(K_{b_3})$ |
| | | $6.3 \times 10^{-8}(K_{a_2})$ | 7.20 | 6.80 | $1.6 \times 10^{-7}(K_{b_2})$ |
| | | $4.4 \times 10^{-13}(K_{a_3})$ | 12.36 | 1.64 | $2.3 \times 10^{-2}(K_{b_1})$ |
| 焦磷酸 | $H_4P_2O_7$ | $3.0 \times 10^{-2}(K_{a_1})$ | 1.52 | 12.48 | $3.3 \times 10^{-13}(K_{b_4})$ |
| | | $4.4 \times 10^{-3}(K_{a_2})$ | 2.36 | 11.64 | $2.3 \times 10^{-12}(K_{b_3})$ |
| | | $2.5 \times 10^{-7}(K_{a_3})$ | 6.60 | 7.40 | $4.0 \times 10^{-8}(K_{b_2})$ |
| | | $5.6 \times 10^{-10}(K_{a_4})$ | 9.25 | 4.75 | $1.8 \times 10^{-5}(K_{b_1})$ |
| 亚磷酸 | $H_3PO_3$ | $5.0 \times 10^{-2}(K_{a_1})$ | 1.30 | 12.70 | $2.0 \times 10^{-13}(K_{b_2})$ |
| | | $2.5 \times 10^{-7}(K_{a_2})$ | 6.60 | 7.40 | $4.0 \times 10^{-8}(K_{b_1})$ |
| 氢硫酸 | $H_2S$ | $1.3 \times 10^{-7}(K_{a_1})$ | 6.88 | 7.12 | $7.7 \times 10^{-8}(K_{b_2})$ |
| 硫酸 | $H_2SO_4$ | $1.0 \times 10^{-2}(K_{a_2})$ | 1.99 | 12.01 | $1.0 \times 10^{-12}(K_{b_1})$ |
| 亚硫酸 | $H_2SO_3$ | $1.3 \times 10^{-2}(K_{a_1})$ | 1.90 | 12.10 | $7.7 \times 10^{-13}(K_{b_2})$ |
| | $(SO_2+H_2O)$ | $6.3 \times 10^{-8}(K_{a_2})$ | 7.20 | 6.80 | $1.6 \times 10^{-7}(K_{b_1})$ |
| 偏硅酸 | $H_2SiO_3$ | $1.7 \times 10^{-10}(K_{a_1})$ | 9.77 | 4.23 | $5.9 \times 10^{-5}(K_{b_2})$ |
| | | $1.6 \times 10^{-12}(K_{a_2})$ | 11.8 | 2.20 | $6.2 \times 10^{-3}(K_{b_1})$ |
| 甲酸 | $HCOOH$ | $1.8 \times 10^{-4}$ | 3.74 | 10.26 | $5.5 \times 10^{-11}$ |
| 乙酸 | $CH_3COOH$ | $1.8 \times 10^{-5}$ | 4.74 | 9.26 | $5.5 \times 10^{-10}$ |
| 一氯乙酸 | $CH_2ClCOOH$ | $1.4 \times 10^{-3}$ | 2.86 | 11.14 | $6.9 \times 10^{-12}$ |
| 二氯乙酸 | $CHCl_2COOH$ | $5.0 \times 10^{-2}$ | 1.30 | 12.70 | $2.0 \times 10^{-13}$ |
| 三氯乙酸 | $CCl_3COOH$ | 0.23 | 0.64 | 13.36 | $4.3 \times 10^{-14}$ |
| 氨基乙酸 | $^+NH_3CH_2COOH$ | $4.5 \times 10^{-3}(K_{a1})$ | 2.35 | 11.65 | $2.2 \times 10^{-12}(K_{b_2})$ |
| | $^+NH_3CH_2COO^-$ | $2.5 \times 10^{-10}(K_{a_2})$ | 9.60 | 4.40 | $4.0 \times 10^{-5}(K_{b_1})$ |
| 乳酸 | $CH_3CHOHCOOH$ | $1.4 \times 10^{-4}$ | 3.86 | 10.14 | $7.2 \times 10^{-11}$ |
| 苯甲酸 | $C_6H_5COOH$ | $6.2 \times 10^{-5}$ | 4.21 | 9.79 | $1.6 \times 10^{-10}$ |
| 草酸 | $H_2C_2O_4$ | $5.9 \times 10^{-2}(K_{a_1})$ | 1.22 | 12.78 | $1.7 \times 10^{-13}(K_{b_2})$ |
| | | $6.4 \times 10^{-5}(K_{a_2})$ | 4.19 | 9.81 | $1.6 \times 10^{-10}(K_{b_1})$ |
| $d$-酒石酸 | $CH(OH)COOH$<br>\|<br>$CH(OH)COOH$ | $9.1 \times 10^{-4}(K_{a_1})$ | 3.04 | 10.96 | $1.1 \times 10^{-11}(K_{b_2})$ |
| | | $4.3 \times 10^{-5}(K_{a_2})$ | 4.37 | 9.63 | $2.3 \times 10^{-10}(K_{b_1})$ |
| 柠檬酸 | $CH_2COOH$<br>\|<br>$C(OH)COOH$<br>\|<br>$CH_2COOH$ | $7.4 \times 10^{-4}(K_{a_1})$ | 3.13 | 10.87 | $1.4 \times 10^{-11}(K_{b_3})$ |
| | | $1.7 \times 10^{-5}(K_{a_2})$ | 4.76 | 9.26 | $5.9 \times 10^{-12}(K_{b_2})$ |
| | | $4.0 \times 10^{-7}(K_{a_3})$ | 6.40 | 7.60 | $2.5 \times 10^{-8}(K_{b_1})$ |
| 苯酚 | $C_6H_5OH$ | $1.1 \times 10^{-10}$ | 9.95 | 4.05 | $9.1 \times 10^{-5}$ |

续表

| 弱酸 | 分子式 | $K_a$ | $pK_a$ | 共轭碱 | |
|---|---|---|---|---|---|
| | | | | $pK_b$ | $K_b$ |
| 乙二胺四乙酸 | $H_6\text{-EDTA}^{2+}$ | $0.13(K_{a_1})$ | 0.9 | 13.1 | $7.7\times10^{-14}(K_{b_6})$ |
| | $H_5\text{-EDTA}^+$ | $3\times10^{-2}(K_{a_2})$ | 1.6 | 12.4 | $3.3\times10^{-13}(K_{b_5})$ |
| | $H_4\text{-EDTA}$ | $11\times10^{-2}(K_{a_3})$ | 2.0 | 12.0 | $1.0\times10^{-12}(K_{b_4})$ |
| | $H_3\text{-EDTA}^-$ | $2.1\times10^{-3}(K_{a_4})$ | 2.67 | 11.33 | $4.8\times10^{-12}(K_{b_3})$ |
| | $H_2\text{-EDTA}^{2-}$ | $6.9\times10^{-7}(K_{a_5})$ | 6.16 | 7.84 | $1.4\times10^{-8}(K_{b_2})$ |
| | $H\text{-EDTA}^{3-}$ | $5.5\times10^{-11}(K_{a_6})$ | 10.26 | 3.74 | $1.8\times10^{-4}(K_{b_1})$ |
| 氨离子 | $NH_4^+$ | $5.5\times10^{-10}$ | 9.26 | 4.74 | $1.8\times10^{-5}$ |
| 联氨离子 | $^+H_3NNH_3^+$ | $3.3\times10^{-9}$ | 8.48 | 5.52 | $3.0\times10^{-6}$ |
| 羟氨离子 | $NH_3^+OH$ | $1.1\times10^{-6}$ | 5.96 | 8.04 | $9.1\times10^{-9}$ |
| 甲胺离子 | $CH_3NH_3^+$ | $2.4\times10^{-11}$ | 10.62 | 3.38 | $4.2\times10^{-4}$ |
| 乙胺离子 | $C_2H_5NH_3^+$ | $1.8\times10^{-11}$ | 10.75 | 3.25 | $5.6\times10^{-4}$ |
| 二甲胺离子 | $(CH_3)_2NH_2^+$ | $8.5\times10^{-11}$ | 10.07 | 3.93 | $1.2\times10^{-4}$ |
| 二乙胺离子 | $(C_2H_5)_2NH_2^+$ | $7.8\times10^{-12}$ | 11.11 | 2.89 | $1.3\times10^{-3}$ |
| 乙醇胺离子 | $HOCH_2CH_2NH_3^+$ | $3.2\times10^{-10}$ | 9.50 | 4.50 | $3.2\times10^{-5}$ |
| 三乙醇胺离子 | $(HOCH_2CH_2)_3NH^+$ | $1.7\times10^{-8}$ | 7.76 | 6.24 | $5.8\times10^{-7}$ |
| 六亚甲基四胺离子 | $(CH_3)_6N_4H^+$ | $7.1\times10^{-6}$ | 5.15 | 8.85 | $1.4\times10^{-9}$ |
| 乙二胺离子 | $^+H_3NCH_2CH_2NH_3^+$ | $1.4\times10^{-7}$ | 6.85 | 7.15 | $7.1\times10^{-8}(K_{b_2})$ |
| | $H_2NCH_2CH_2NH_3^+$ | $1.2\times10^{-10}$ | 9.93 | 4.07 | $8.5\times10^{-5}(K_{b_1})$ |
| 吡啶离子 | ⟨NH⟩$^+$ | $5.9\times10^{-6}$ | 5.23 | 8.77 | $1.7\times10^{-9}$ |

# 附录8　酸碱指示剂

| 指示剂 | 变色范围 pH | 颜色变化 | $pK_{HIn}$ | 浓　　度 |
|---|---|---|---|---|
| 百里酚蓝 | 1.2~2.8 | 红→黄 | 1.65 | 0.1%的20%乙醇溶液 |
| 甲基黄 | 2.9~4.0 | 红→黄 | 3.25 | 0.1%的90%L醇溶液 |
| 甲基橙 | 3.1~4.4 | 红→黄 | 3.45 | 0.1%的水溶液 |
| 溴酚蓝 | 3.0~4.6 | 黄→紫 | 4.1 | 0.1%的20%乙醇溶液或其钠盐水溶液 |
| 溴甲酚绿 | 4.0~5.6 | 黄→蓝 | 4.9 | 0.1%的20%乙醇溶液或其钠盐水溶液 |
| 甲基红 | 4.4~6.2 | 红→黄 | 5.0 | 0.1%的60%乙醇溶液或其钠盐水溶液 |
| 溴百里酚蓝 | 6.2~7.6 | 黄→蓝 | 7.3 | 0.1%的20%乙醇溶液或其钠盐水溶液 |
| 中性红 | 6.8~8.0 | 红→黄橙 | 7.4 | 0.1%的60%乙醇溶液 |
| 苯酚红 | 6.8~8.4 | 黄→红 | 8.0 | 0.1%的60%乙醇溶液或其钠盐水溶液 |
| 酚酞 | 8.0~10.0 | 无→红 | 9.1 | 0.2%的90%乙醇溶液 |
| 百里酚蓝 | 8.0~9.6 | 黄→蓝 | 8.9 | 0.1%的20%乙醇溶液 |
| 百里酚酞 | 9.4~10.6 | 无→蓝 | 10.0 | 0.1%的90%乙醇溶液 |

# 附录 9　混合指示剂

| 指示剂 | 变色时的 pH 值 | 颜色 | | 备注 |
|---|---|---|---|---|
| | | 酸色 | 碱色 | |
| 一份 0.1%甲基黄乙醇溶液<br>一份 0.1%亚甲基蓝乙醇溶液 | 3.25 | 蓝紫 | 绿 | pH=3.2,蓝紫色<br>pH=3.4,绿色 |
| 一份 0.1%甲基橙水溶液<br>一份 0.25%靛蓝二磺酸水溶液 | 4.1 | 紫 | 黄绿 | — |
| 一份 0.1%溴甲酚绿钠盐水溶液<br>一份 0.2%甲基橙水溶液 | 4.3 | 橙 | 蓝绿 | pH=3.5,黄色<br>pH=4.05,绿色<br>pH=4.3,蓝绿色 |
| 三份 0.1%溴甲酚绿乙醇溶液<br>一份 0.2%甲基红乙醇溶液 | 5.1 | 酒红 | 绿 | — |
| 一份 0.1%溴甲酚绿钠盐水溶液<br>一份 0.1%氯酚红钠盐水溶液 | 6.1 | 黄绿 | 蓝绿 | pH=5.4,蓝绿色<br>pH=5.8,蓝色<br>pH=6.0,蓝带紫<br>pH=6.2,蓝紫色 |
| 一份 0.1%中性红乙醇溶液<br>一份 0.1%次甲基蓝乙醇溶液 | 7.0 | 蓝紫 | 绿 | pH=7.0,紫蓝 |
| 一份 0.1%甲酚红钠盐水溶液<br>三份 0.1%百里酚蓝钠盐水溶液 | 8.3 | 黄 | 紫 | pH=8.2,玫瑰红<br>pH=8.4,清晰的紫色 |
| 一份 0.1%百里酚蓝 50%乙醇溶液<br>三份 0.1%酚酞 50%乙醇溶液 | 9.0 | 黄 | 紫 | 从黄到绿,再到紫 |
| 一份 0.1%酚酞乙醇溶液<br>一份 0.1%百里酚酞乙醇溶液 | 9.9 | 无 | 紫 | pH=9.6,玫瑰红<br>pH=10,紫色 |
| 二份 0.1%百里酚酞乙醇溶液<br>一份 0.1%茜素黄 R 乙醇溶液 | 10.2 | 黄 | 紫 | — |

# 附录 10　配位滴定指示剂

| 名称 | 配制 | 用于测定 | | |
|---|---|---|---|---|
| | | 元素 | 颜色变化 | 测定条件 |
| 酸性铬蓝 K | 0.1%乙醇溶液 | Ca<br>Mg | 红→蓝<br>红→蓝 | pH=12<br>pH=10(氨性缓冲溶液) |
| 钙指示剂 | 与 NaCl 配成 1:100<br>的固体混合物 | Ca | 酒红→蓝 | pH>12(KOH 或 NaOH) |
| 铬天青 S | 0.4%水溶液 | Al<br>Cu<br>Fe(Ⅱ)<br>Mg | 紫→黄橙<br>蓝紫→黄<br>蓝→橙<br>红→黄 | pH=4(醋酸缓冲溶液),热<br>pH=6~6.5(醋酸缓冲溶液)<br>pH=2~3<br>pH=10~11(氨性缓冲溶液) |
| 双硫腙 | 0.03%乙醇溶液 | Zn | 红→绿紫 | pH=4.5,50%乙醇溶液 |

| 名称 | 配制 | 用于测定 | | |
|---|---|---|---|---|
| | | 元素 | 颜色变化 | 测定条件 |
| 铬黑 T | 与 NaCl 配成 1∶100 的固体混合物 | Al | 蓝→红 | pH＝7～8,吡啶存在下,以 $Zn^{2+}$ 回滴 |
| | | Bi | 蓝→红 | pH＝9～10,以 $Zn^{2+}$ 回滴 |
| | | Ca | 红→蓝 | pH＝10,加入 EDTA-Mg |
| | | Cd | 红→蓝 | pH＝10(氨性缓冲溶液) |
| | | Mg | 红→蓝 | pH＝10(氨性缓冲溶液) |
| | | Mn | 红→蓝 | 氨性缓冲溶液,加羟胺 |
| | | Ni | 红→蓝 | 氨性缓冲溶液 |
| | | Pb | 红→蓝 | 氨性缓冲溶液,加酒石酸钾 |
| | | Zn | 红→蓝 | pH＝6.8～10(氨性缓冲溶液) |
| 紫脲酸胺 | 与 NaCl 配成 1∶100 的固体混合物 | Ca | 红→紫 | pH＞10(NaOH),25％乙醇 |
| | | Co | 黄→紫红 | pH＝8～10(氨性缓冲溶液) |
| | | Cu | 黄→紫 | pH＝7～8(氨性缓冲溶液) |
| | | Ni | 黄→紫红 | pH＝8.5～11.5(氨性缓冲溶液) |
| PAN | 0.1％乙醇(或甲醇)溶液 | Cd | 红→黄 | pH＝6(醋酸缓冲溶液) |
| | | Co | 黄→红 | 醋酸缓冲液,70～80℃,以 $Cu^{2+}$ 回滴 |
| | | Cu | 紫→黄 | pH＝10(氨性缓冲溶液) |
| | | | 红→黄 | pH＝6(醋酸缓冲溶液) |
| | | Zn | 粉红→黄 | pH＝5～7(醋酸缓冲溶液) |
| PAR | 0.05％或 0.2％ 水溶液 | Bi | 红→黄 | pH＝1～2(HNO₃) |
| | | Cu | 红→黄(绿) | pH＝5～11(六亚甲基四胺,氨性缓冲溶液) |
| | | Pb | 红→黄 | 六亚甲基四胺或氨性缓冲溶液 |
| 邻苯二酚紫 | 0.1％水溶液 | Cd | 蓝→红紫 | pH＝10(氨性缓冲溶液) |
| | | Co | 蓝→红紫 | pH＝8～9(氨性缓冲溶液) |
| | | Cu | 蓝→黄绿 | pH＝6～7,吡啶溶液 |
| | | Fe(Ⅲ) | 黄绿→蓝 | pH＝6～7,吡啶存在下,以 $Cu^{2+}$ 回滴 |
| | | Mg | 蓝→红紫 | pH＝10(氨性缓冲溶液) |
| | | Mn | 蓝→红紫 | pH＝9(氨性缓冲溶液),加羟胺 |
| | | Pb | 蓝→黄 | pH＝5.5(六亚甲基四胺) |
| | | Zn | 蓝→红紫 | pH＝10(氨性缓冲溶液) |
| 磺基水杨酸 | 1％～2％水溶液 | Fe(Ⅲ) | 红紫→黄 | pH＝1.5～2 |
| 试钛灵 | 2％水溶液 | Fe(Ⅲ) | 蓝→黄 | pH＝2～3(醋酸热溶液) |
| 二甲酚橙 XO | 0.5％乙醇(或水) 溶液 | Bi | 红→黄 | pH＝1～2(HNO₃) |
| | | Cd | 粉红→黄 | pH＝5～6(六亚甲基四胺) |
| | | Pb | 红紫→黄 | pH＝5～6(醋酸缓冲溶液) |
| | | Th(Ⅳ) | 红→黄 | pH＝1.6～3.5(HNO₃) |
| | | Zn | 红→黄 | pH＝5～6(醋酸缓冲溶液) |

## 附录 11　氧化还原指示剂

| 指示剂名称 | $E/V[H^+]=1mol \cdot L^{-1}$ | 颜色变化 | | 溶液配制方法 |
|---|---|---|---|---|
| | | 氧化态 | 还原态 | |
| 中性红 | 0.24 | 红 | 无色 | 0.05％的60％乙醇溶液 |
| 次甲基蓝 | 0.36 | 蓝 | 无色 | 0.05％水溶液 |
| 苄胺蓝 | 0.59(pH=2) | 无色 | 蓝色 | 0.05％水溶液 |
| 二苯胺 | 0.76 | 紫 | 无色 | 1％的浓 $H_2SO_4$ 溶液 |
| 二苯胺磺酸钠 | 0.85 | 紫红 | 无色 | 0.05％水溶液 |
| N-邻苯氨基苯甲酸 | 1.08 | 紫红 | 无色 | 0.1g指示剂加 20mL15％的 $Na_2CO_3$ 溶液,用水稀至 100mL |
| 邻二氮菲 Fe(Ⅱ) | 1.06 | 浅蓝 | 红 | 1.485g 邻二氮菲加 0.965g $FeSO_4$,溶于 100mL 水中(0.25mol·$L^{-1}$水溶液) |
| 5-硝基邻二氮菲-Fe(Ⅱ) | 1.25 | 浅蓝 | 紫红 | 1.608g 5-硝基邻二氮菲加 0.695g $FeSO_4$,溶于 100mL 水(0.025 mol·$L^{-1}$水溶液) |

## 附录 12　吸附指示剂

| 名称 | 配制 | 用于测定 | | |
|---|---|---|---|---|
| | | 可测元素(括号内为滴定剂) | 颜色变化 | 测定条件 |
| 荧光黄 | 1％钠盐水溶液 | $Cl^-$,$Br^-$,$I^-$,$SCN^-$($Ag^+$) | 黄绿→粉红 | 中性或弱碱性 |
| 二氯荧光黄 | 1％钠盐水溶液 | $Cl^-$,$Br^-$,$I^-$($Ag^+$) | 黄绿→粉红 | pH=4.4~7 |
| 四溴荧光黄(暗红) | 1％钠盐水溶液 | $Br^-$,$I^-$($Ag^+$) | 橙红→红紫 | pH=1~2 |
| 溴酚蓝 | 0.1％的20％乙醇溶液 | $Cl^-$,$I^-$($Ag^+$) | 黄绿→蓝 | 微酸性 |
| 二氯四碘荧光黄 | | $I^-$($Ag^+$) | 红→紫红 | 加入$(NH_4)_2CO_3$,且有 $Cl^-$ 存在 |
| 罗丹明 6G | | $Ag^+$($Ag^+$) | 橙红→红紫 | 0.3mol·$L^{-1}$ $HNO_3$ |
| 二苯胺 | | $Cl^-$,$Br^-$,$I^-$,$SCN^-$($Ag^+$) | 紫→绿 | 有 $I_2$ 或 $VO_3^-$ 存在 |
| 酚藏花红 | | $Cl^-$,$Br^-$($Ag^+$) | 红→蓝 | |

## 附录 13　氨羧络合剂类络合物的稳定常数

(18～25℃，$I=0.1\text{mol}\cdot\text{L}^{-1}$)

| 金属离子 | lgK | | | | | NTA | |
|---|---|---|---|---|---|---|---|
| | EDTA | DCyTA | DTPA | EGTA | HEDTA | $\lg\beta_1$ | $\lg\beta_2$ |
| $Ag^+$ | 7.32 | | | 6.88 | 6.71 | 5.16 | |
| $Al^{3+}$ | 16.3 | 19.5 | 18.6 | 13.9 | 14.3 | 11.4 | |
| $Ba^{2+}$ | 7.86 | 8.69 | 8.87 | 8.41 | 6.3 | 4.82 | |
| $Be^{2+}$ | 9.2 | 11.51 | | | | 7.11 | |
| $Bi^{3+}$ | 27.94 | 32.3 | 35.6 | | 22.3 | 17.5 | |
| $Ca^{2+}$ | 10.69 | 13.20 | 10.83 | 10.97 | 8.3 | 6.41 | |
| $Cd^{2+}$ | 16.46 | 19.93 | 19.2 | 16.7 | 13.3 | 9.83 | 14.61 |
| $Co^{2+}$ | 16.31 | 19.62 | 19.27 | 12.39 | 14.6 | 10.38 | 14.39 |
| $Co^{3+}$ | 36 | | | | 37.4 | 6.84 | |
| $Cr^{3+}$ | 23.4 | | | | | 6.23 | |
| $Cu^{2+}$ | 18.80 | 22.00 | 21.55 | 17.71 | 17.6 | 12.96 | |
| $Fe^{2+}$ | 14.32 | 19.0 | 16.5 | 11.87 | 12.3 | 8.33 | |
| $Fe^{3+}$ | 25.1 | 30.1 | 28.0 | 20.5 | 19.8 | 15.9 | |
| $Ga^{3+}$ | 20.3 | 23.2 | 25.54 | | 16.9 | 13.6 | |
| $Hg^{2+}$ | 21.7 | 25.00 | 26.70 | 23.2 | 20.30 | 14.6 | |
| $In^{3+}$ | 25.0 | 28.8 | 29.0 | | 20.2 | 16.9 | |
| $Li^+$ | 2.79 | | | | | 2.51 | |
| $Mg^{2+}$ | 8.7 | 11.02 | 9.30 | 5.21 | 7.0 | 5.41 | |
| $Mn^{2+}$ | 13.87 | 17.48 | 15.6 | 12.28 | 10.9 | 7.44 | |
| $Mo(V)$ | 约28 | | | | | | |
| $Na^+$ | 1.66 | | | | | | 1.22 |
| $Ni^+$ | 18.62 | 20.3 | 20.32 | 13.55 | 17.3 | 11.53 | 16.42 |
| $Pb^{2+}$ | 18.04 | 20.38 | 18.80 | 14.71 | 15.7 | 11.39 | |
| $Pd^{2+}$ | 18.5 | | | | | | |
| $Sc^{3+}$ | 23.1 | 26.1 | 24.5 | 18.2 | | | 24.1 |
| $Sn^{2+}$ | 22.11 | | | | | | |
| $Sr^{2+}$ | 8.73 | 10.59 | 9.77 | 8.50 | 6.9 | 4.98 | |
| $Th^{4+}$ | 23.2 | 25.6 | 28.78 | | | | |
| $TiO^{2+}$ | 17.3 | | | | | | |
| $Tl^{3+}$ | 37.8 | 38.3 | | | | 20.9 | 32.5 |
| $U^{4+}$ | 25.8 | 27.6 | 7.69 | | | | |
| $VO^{2+}$ | 18.8 | 20.1 | | | | | |
| $Y^{3+}$ | 18.09 | 19.85 | 22.13 | 17.16 | 14.78 | 11.41 | 20.43 |

| 金属离子 | lgK | | | | | NTA | |
|---|---|---|---|---|---|---|---|
| | EDTA | DCyTA | DTPA | EGTA | HEDTA | $lg\beta_1$ | $lg\beta_2$ |
| $Zn^{2+}$ | 16.50 | 19.37 | 18.40 | 12.7 | 14.7 | 10.67 | 14.29 |
| $Zr^{4+}$ | 29.5 | | 35.8 | | | 20.8 | |
| 稀土元素 | 16～20 | 17～22 | 19 | | 13～16 | 10～12 | |

注：EDTA 为乙二胺四乙酸；DCyTA（或 DCTA，CyDTA）为 1,2-二氨基环己烷四乙酸；DTPA 为二乙基三胺五乙酸；EGTA 为乙二醇二乙醚二胺四乙酸；HEDTA 为 N-b 羟基乙基乙二胺三乙酸；NTA 为氨三乙酸。

# 附录 14　标准电极电势

下表中所列的标准电极电势（25.0℃、101.325kPa）是相对于标准氢电极电势的值。标准氢电极电势被规定为；零伏特（0.0V）。

| 序号 | 电极过程 | $E^{\ominus}/V$ |
|---|---|---|
| 1 | $Ag^+ + e^- = Ag$ | 0.7996 |
| 2 | $Ag^{2+} + e^- = Ag^+$ | 1.0980 |
| 3 | $AgBr + e^- = Ag + Br^-$ | 0.0713 |
| 4 | $AgBrO_3 + e^- = Ag + BrO_3^-$ | 0.546 |
| 5 | $AgCl + e^- = Ag + Cl^-$ | 0.222 |
| 6 | $AgCN + e^- = Ag + CN^-$ | 0.017 |
| 7 | $Ag_2CO_3 + 2e^- = 2Ag + CO_3^{2-}$ | 0.470 |
| 8 | $Ag_2C_2O_4 + 2e^- = 2Ag + C_2O_4^{2-}$ | 0.465 |
| 9 | $Ag_2CrO_4 + 2e^- = 2Ag + CrO_4^{2-}$ | 0.447 |
| 10 | $AgF + e = Ag + F^-$ | 0.779 |
| 11 | $Ag_4[Fe(CN)_6] + 4e^- = 4Ag + [Fe(CN)_6]^-$ | 0.148 |
| 12 | $AgI + e^- = Ag + I^-$ | 0.152 |
| 13 | $AgIO_3 + e^- = Ag + IO_3^-$ | 0.354 |
| 14 | $Ag_2MoO_4 + 2e^- = 2Ag + MoO_4^{2-}$ | 0.457 |
| 15 | $[Ag(NH_3)_2]^+ + e^- = Ag + 2NH_3$ | 0.373 |
| 16 | $AgNO_2 + e^- = Ag + NO_2^-$ | 0.564 |
| 17 | $Ag_2O + H_2O + 2e^- = 2Ag + 2OH^-$ | 0.342 |
| 18 | $2AgO + H_2O + 2e^- = 2Ag_2O + 2OH^-$ | 0.607 |
| 19 | $Ag_2S + 2e^- = 2Ag + S^{2-}$ | -0.691 |
| 20 | $Ag_2S + 2H^+ + 2e^- = 2Ag + H_2S$ | -0.0366 |
| 21 | $AgSCN + e^- = Ag + SCN^-$ | 0.0895 |
| 22 | $Ag_2SeO_4 + 2e^- = 2Ag + SeO_4^{2-}$ | 0.363 |
| 23 | $Ag_2SO_4 + 2e^- = 2Ag + SO_4^{2-}$ | 0.654 |

| 序号 | 电极过程 | $E^{\ominus}/V$ |
|---|---|---|
| 24 | $Ag_2WO_4+2e^-\!=\!2Ag+WO_4^{2-}$ | 0.466 |
| 25 | $Al^{3+}+3e^-\!=\!Al$ | $-1.662$ |
| 26 | $AlF_6^{3-}+3e^-\!=\!Al+6F^-$ | $-2.069$ |
| 27 | $Al(OH)_3+3e^-\!=\!Al+3OH^-$ | $-2.31$ |
| 28 | $AlO_2^-+2H_2O+3e^-\!=\!Al+4OH^-$ | $-2.35$ |
| 29 | $Am^{3+}+3e^-\!=\!Am$ | $-2.048$ |
| 30 | $Am^{4+}+e^-\!=\!Am^{3+}$ | 2.60 |
| 31 | $AmO_2^-+4H^++3e^-\!=\!Am+2H_2O$ | 1.75 |
| 32 | $As+3H^++3e^-\!=\!AsH_3$ | $-0.608$ |
| 33 | $As+3H_2O+3e^-\!=\!AsH_3+3OH^-$ | $-1.37$ |
| 34 | $As_2O_3+6H^++6e^-\!=\!2As+3H_2O$ | 0.234 |
| 35 | $HAsO_2+3H^++3e^-\!=\!As+2H_2O$ | 0.248 |
| 36 | $AsO_2^-+2H_2O+3e^-\!=\!As+4OH^-$ | $-0.68$ |
| 37 | $H_3AsO_4+2H^++2e^-\!=\!HAsO_2+2H_2O$ | 0.560 |
| 38 | $AsO_4^{3-}+2H_2O+2e^-\!=\!AsO_2^-+4OH^-$ | $-0.71$ |
| 39 | $AsS_2^-+3e^-\!=\!As+2S^{2-}$ | $-0.75$ |
| 40 | $AsS_4^{3-}+2e^-\!=\!AsS_2^-+2S^{2-}$ | $-0.60$ |
| 41 | $Au^++e^-\!=\!Au$ | 1.692 |
| 42 | $Au^{3+}+3e^-\!=\!Au$ | 1.498 |
| 43 | $Au^{3+}+2e^-\!=\!Au^+$ | 1.40 |
| 44 | $AuBr_2^-+e^-\!=\!Au+2Br^-$ | 0.959 |
| 45 | $AuBr_4^-+3e^-\!=\!Au+4Br^-$ | 0.854 |
| 46 | $AuCl_2^-+e^-\!=\!Au+2Cl^-$ | 1.15 |
| 47 | $AuCl_4^-+3e^-\!=\!Au+4Cl^-$ | 1.002 |
| 48 | $AuI+e^-\!=\!Au+I^-$ | 0.50 |
| 49 | $Au(SCN)_4^-+3e^-\!=\!Au+4SCN^-$ | 0.66 |
| 50 | $Au(OH)_3+3H^++3e^-\!=\!Au+3H_2O$ | 1.45 |
| 51 | $BF_4^-+3e^-\!=\!B+4F^-$ | $-1.04$ |
| 52 | $H_2BO_3^-+H_2O+3e^-\!=\!B+4OH^-$ | $-1.79$ |
| 53 | $B(OH)_3+7H^++8e^-\!=\!BH_4^-+3H_2O$ | $-0.0481$ |
| 54 | $Ba^{2+}+2e^-\!=\!Ba$ | $-2.912$ |
| 55 | $Ba(OH)_2+2e^-\!=\!Ba+2OH^-$ | $-2.99$ |
| 56 | $Be^{2+}+2e^-\!=\!Be^-$ | $-1.847$ |
| 57 | $Be_2O_3^{2-}+3H_2O+4e^-\!=\!2Be+6OH^-$ | $-2.63$ |
| 58 | $Bi^{2+}+2e^-\!=\!Bi$ | 0.5 |
| 59 | $Bi^{3+}+3e^-\!=\!Bi$ | 0.308 |
| 60 | $BiCl_4^-+3e^-\!=\!Bi+4Cl^-$ | 0.16 |

| 序号 | 电极过程 | $E^{\ominus}/V$ |
|---|---|---|
| 61 | $BiOCl+2H^++3e^-\Longrightarrow Bi+Cl^-+H_2O$ | 0.16 |
| 62 | $Bi_2O_3+3H_2O+6e^-\Longrightarrow 2Bi+6OH^-$ | $-0.46$ |
| 63 | $Bi_2O_4+4H^++2e^-\Longrightarrow 2BiO^{2+}+2H_2O$ | 1.593 |
| 64 | $Bi_2O_4+H_2O+2e^-\Longrightarrow Bi_2O_3+2OH^-$ | 0.56 |
| 65 | $Br_2(水溶液,aq)+2e^-\Longrightarrow 2Br^-$ | 1.087 |
| 66 | $Br_2(液体)+2e^-\Longrightarrow 2Br^-$ | 1.0626 |
| 67 | $BrO^-+H_2O+2e^-\Longrightarrow Br^-+2OH^-$ | 0.761 |
| 68 | $BrO_3^-+6H^++6e^-\Longrightarrow Br^-+3H_2O$ | 1.423 |
| 69 | $BrO_3^-+3H_2O+6e^-\Longrightarrow Br^-+6OH^-$ | 0.61 |
| 70 | $3BrO_3^-+12H^++10e^-\Longrightarrow Br_2+6H_2O$ | 1.482 |
| 71 | $HBrO+H^++2e^-\Longrightarrow Br^-+H_2O$ | 1.331 |
| 72 | $2HBrO+2H^++2e^-\Longrightarrow Br_2(水溶液,aq)+2H_2O$ | 1.574 |
| 73 | $CH_3OH+2H^++2e^-\Longrightarrow CH_4+H_2O$ | 0.59 |
| 74 | $HCHO+2H^++2e^-\Longrightarrow CH_2OH$ | 0.19 |
| 75 | $CH_3COOH+2H^++2e^-\Longrightarrow CH_3CHO+H_2O$ | $-0.12$ |
| 76 | $(CN)_2+2H^++2e^-\Longrightarrow 2HCN$ | 0.373 |
| 77 | $(CNS)_2+2e^-\Longrightarrow 2CNS^-$ | 0.77 |
| 78 | $CO_2+2H^++2e^-\Longrightarrow CO+H_2O$ | $-0.12$ |
| 79 | $CO_2+2H^++2e^-\Longrightarrow HCOOH$ | $-0.199$ |
| 80 | $Ca^{2+}+2e^-\Longrightarrow Ca$ | $-2.868$ |
| 81 | $Ca(OH)_2+2e^-\Longrightarrow Ca+2OH^-$ | $-3.02$ |
| 82 | $Cd^{2+}+2e^-\Longrightarrow Cd$ | $-0.403$ |
| 83 | $Cd^{2+}+2e^-\Longrightarrow Cd(Hg)$ | $-0.352$ |
| 84 | $Cd(CN)_4^{2-}+2e^-\Longrightarrow Cd+4CN^-$ | $-1.09$ |
| 85 | $CdO+H_2O+2e^-\Longrightarrow Cd+2OH^-$ | $-0.783$ |
| 86 | $CdS+2e^-\Longrightarrow Cd+S^{2-}$ | $-1.17$ |
| 87 | $CdSO_4+2e^-\Longrightarrow Cd+SO_4^{2-}$ | $-0.246$ |
| 88 | $Ce^{3+}+3e^-\Longrightarrow Ce$ | $-2.336$ |
| 89 | $Ce^{3+}+3e^-\Longrightarrow Ce(Hg)$ | $-1.437$ |
| 90 | $CeO_2+4H^++e^-\Longrightarrow Ce^{3+}+2H_2O$ | 1.4 |
| 91 | $Cl_2(气体)+2e^-\Longrightarrow 2Cl^-$ | 1.358 |
| 92 | $ClO^-+H_2O+2e^-\Longrightarrow Cl^-+2OH^-$ | 0.89 |
| 93 | $HClO+H^++2e^-\Longrightarrow Cl^-+H_2O$ | 1.482 |
| 94 | $2HClO+2H^++2e^-\Longrightarrow Cl_2+HO$ | 1.611 |
| 95 | $ClO^-+2H_2O+4e^-\Longrightarrow Cl^-+4OH^-$ | 0.76 |
| 96 | $2ClO_3^-+12H^++4e^-\Longrightarrow Cl_2+6H_2O$ | 1.47 |
| 97 | $ClO_3^-+6H^++6e^-\Longrightarrow Cl^-+3H_2O$ | 1.451 |

| 序号 | 电极过程 | $E^{\ominus}/\text{V}$ |
|---|---|---|
| 98 | $ClO_3^- + 3H_2O + 6e^- =\!=\!= Cl^- + 6OH^-$ | 0.62 |
| 99 | $ClO_4^- + 8H^+ + 8e^- =\!=\!= Cl^- + 4H_2O$ | 1.38 |
| 100 | $2ClO_4^- + 16H^+ + 14e^- =\!=\!= Cl_2 + 8H_2O$ | 1.39 |
| 101 | $Cm^{3+} + 3e^- =\!=\!= Cm$ | −2.04 |
| 102 | $Co^{3+} + 2e^- =\!=\!= Co$ | −0.28 |
| 103 | $[Co(NH_3)_6]^{3+} + e^- =\!=\!= [Co(NH_3)_6]^{2+}$ | 0.108 |
| 104 | $[Co(NH_3)_6]^{2+} + 2e^- =\!=\!= Co + 6NH_3$ | −0.43 |
| 105 | $Co(OH)_2 + 2e^- =\!=\!= Co + 2OH^-$ | −0.73 |
| 106 | $Co(OH)_3 + e^- =\!=\!= Co(OH)_2 + OH^-$ | 0.17 |
| 107 | $Cr^{2+} + 2e^- =\!=\!= Cr$ | −0.913 |
| 108 | $Cr^{3+} + e^- =\!=\!= Cr^{2+}$ | −0.407 |
| 109 | $Cr^{3+} + 3e^- =\!=\!= Cr$ | −0.744 |
| 110 | $[Cr(CN)_6]^{3-} + e^- =\!=\!= [Cr(CN)_6]^{4-}$ | −1.28 |
| 111 | $Cr(OH)_3 + 3e^- =\!=\!= Cr + 3OH^-$ | −1.48 |
| 112 | $Cr_2O_7^{2-} + 14H^+ + 6e^- =\!=\!= 2Cr^{3+} + 7H_2O$ | 1.232 |
| 113 | $CrO_2^- + 2H_2O + 3e^- =\!=\!= Cr + 4OH^-$ | −1.2 |
| 114 | $HCrO_4 + 7H^+ + 3e^- =\!=\!= Cr^{3+} + 4H_2O$ | 1.350 |
| 115 | $CrO_4^{2-} + 4H_2O + 3e^- =\!=\!= Cr(OH)_3 + 5OH^-$ | −0.13 |
| 116 | $Cs^+ + e^- =\!=\!= Cs$ | −2.92 |
| 117 | $Cu^+ + e^- =\!=\!= Cu$ | 0.521 |
| 118 | $Cu^{2+} + 2e^- =\!=\!= Cu$ | 0.342 |
| 119 | $Cu^{2+} + 2e^- =\!=\!= Cu(Hg)$ | 0.345 |
| 120 | $Cu^{2+} + Br^- + e^- =\!=\!= CuBr$ | 0.66 |
| 121 | $Cu^{2+} + Cl^- + e^- =\!=\!= CuCl$ | 0.57 |
| 122 | $Cu^{2+} + I^- + e^- =\!=\!= CuI$ | 0.86 |
| 123 | $Cu^{2+} + 2CN^- + e^- =\!=\!= [Cu(CN)_2]^-$ | 1.103 |
| 124 | $CuBr_2^- + e^- =\!=\!= Cu + 2Br^-$ | 0.05 |
| 125 | $CuCl_2^- + e^- =\!=\!= Cu + 2Cl^-$ | 0.19 |
| 126 | $CuI_2^- + e^- =\!=\!= Cu + 2I^-$ | 0.00 |
| 127 | $Cu_2O + H_2O + 2e^- =\!=\!= 2Cu + 2OH^-$ | −0.360 |
| 128 | $Cu(OH)_2 + 2e^- =\!=\!= Cu + 2OH^-$ | −0.222 |
| 129 | $2Cu(OH)_2 + 2e^- =\!=\!= Cu_2O + 2OH^- + H_2O$ | −0.080 |
| 130 | $CuS + 2e^- =\!=\!= Cu + 2S^-$ | −0.070 |
| 131 | $CuSCN + e^- =\!=\!= Cu + SCN^-$ | −0.27 |
| 132 | $Dy^{2+} + 2e^- =\!=\!= Dy$ | −2.2 |
| 133 | $Dy^{3+} + 3e^- =\!=\!= Dy$ | −2.295 |
| 134 | $Er^{2+} + 2e^- =\!=\!= Er$ | −2.0 |

| 序号 | 电极过程 | $E^{\ominus}/V$ |
|---|---|---|
| 135 | $Er^{3+}+3e^-\!\!=\!\!=Er$ | $-2.331$ |
| 136 | $Es^{2+}+2e^-\!\!=\!\!=Es$ | $-2.23$ |
| 137 | $Es^{3+}+3e^-\!\!=\!\!=Es$ | $-1.91$ |
| 138 | $Eu^{2+}+2e^-\!\!=\!\!=Eu$ | $-2.812$ |
| 139 | $Eu^{3+}+3e^-\!\!=\!\!=Eu$ | $-1.991$ |
| 140 | $F_2+2H+2e^-\!\!=\!\!=2HF$ | $3.053$ |
| 141 | $F_2O+2H^++2e^-\!\!=\!\!=\frac{1}{2}H_2O+2F^-$ | $2.153$ |
| 142 | $Fe^{2+}+2e^-\!\!=\!\!=Fe$ | $-0.447$ |
| 143 | $Fe^{3+}+3e^-\!\!=\!\!=Fe$ | $-0.037$ |
| 144 | $[Fe(CN)_6]^{3-}+e^-\!\!=\!\!=[Fe(CN)_6]^{4-}$ | $0.358$ |
| 145 | $[Fe(CN)_6]^{4-}+2e^-\!\!=\!\!=Fe+6F^-$ | $-1.5$ |
| 146 | $FeF_6^{3-}+e^-\!\!=\!\!=Fe^{2+}+6F^-$ | $0.4$ |
| 147 | $Fe(OH)_2+2e^-\!\!=\!\!=Fe+2OH^-$ | $-0.877$ |
| 148 | $Fe(OH)_3+e^-\!\!=\!\!=Fe(OH)_2+OH^-$ | $-0.56$ |
| 149 | $Fe_3O_4+8H^++2e^-\!\!=\!\!=3Fe^{2+}+4H_2O$ | $1.23$ |
| 150 | $Fm^{3+}+3e^-\!\!=\!\!=Fm$ | $-1.89$ |
| 151 | $Fr^{3+}+3e^-\!\!=\!\!=Fr$ | $-2.9$ |
| 152 | $Ga^{3+}+3e^-\!\!=\!\!=Ga$ | $-0.549$ |
| 153 | $H_2GaO_3^-+H_2O+3e^-\!\!=\!\!=Ga+4OH^-$ | $1.29$ |
| 154 | $Gd^{3+}+3e^-\!\!=\!\!=Gd$ | $-2.279$ |
| 155 | $Ge^{2+}+2e^-\!\!=\!\!=Ge$ | $-0.24$ |
| 156 | $Ge^{4+}+2e^-\!\!=\!\!=Ge^{2+}$ | $0.0$ |
| 157 | $GeO_2+2H^++2e^-\!\!=\!\!=GeO(棕色)+H_2O$ | $-0.118$ |
| 158 | $GeO_2+2H^++2e^-\!\!=\!\!=GeO(黄色)+H_2O$ | $-0.273$ |
| 159 | $H_2GeO_3+4H^++4e^-\!\!=\!\!=Ge+H_2O$ | $-0.182$ |
| 160 | $2H^++2e^-\!\!=\!\!=H_2$ | $0.0000$ |
| 161 | $2H^++2e^-\!\!=\!\!=2H$ | $-2.25$ |
| 162 | $2H_2O+2e^-\!\!=\!\!=H_2+2OH^-$ | $-0.8277$ |
| 163 | $Hf^{4+}+4e^-\!\!=\!\!=Hf$ | $-1.55$ |
| 164 | $Hg^{2+}+2e^-\!\!=\!\!=Hg$ | $0.851$ |
| 165 | $Hg_2^{2+}+2e^-\!\!=\!\!=2Hg$ | $0.797$ |
| 166 | $2Hg^{2+}+2e^-\!\!=\!\!=Hg_2^{2+}$ | $0.920$ |
| 167 | $Hg_2Br_2+2e^-\!\!=\!\!=2Hg+2Br^-$ | $0.1392$ |
| 168 | $HgBr_4^{2-}+2e^-\!\!=\!\!=Hg+4Br^-$ | $0.21$ |
| 169 | $Hg_2Cl_2+2e^-\!\!=\!\!=2Hg+2Cl^-$ | $0.2681$ |
| 170 | $2HgCl_2+2e^-\!\!=\!\!=Hg_2Cl_2+2Cl^-$ | $0.63$ |
| 171 | $Hg_2CrO_4+2e^-\!\!=\!\!=2Hg+CrO_4^{2-}$ | $0.54$ |

续表

| 序号 | 电极过程 | $E^{\ominus}/V$ |
|---|---|---|
| 172 | $Hg_2I_2 + 2e^- \Longrightarrow 2Hg + 2I^-$ | $-0.0405$ |
| 173 | $Hg_2O + H_2O + 2e^- \Longrightarrow 2Hg + 2OH^-$ | $0.123$ |
| 174 | $HgO + H_2O + 2e^- \Longrightarrow Hg + 2OH^-$ | $0.0977$ |
| 175 | $HgS(红色) + 2e^- \Longrightarrow Hg + S^{2-}$ | $-0.70$ |
| 176 | $HgS(黑色) + 2e^- \Longrightarrow Hg + S^{2-}$ | $-0.67$ |
| 177 | $Hg_2(SCN)_2 + 2e^- \Longrightarrow 2Hg + 2SCN^-$ | $0.22$ |
| 178 | $Hg_2SO_4 + 2e^- \Longrightarrow 2Hg + SO_4^{2-}$ | $0.613$ |
| 179 | $Ho^{2+} + 2e^- \Longrightarrow Ho$ | $-2.1$ |
| 180 | $Ho^{3+} + 3e^- \Longrightarrow Ho$ | $-2.33$ |
| 181 | $I_2 + 2e^- \Longrightarrow 2I^-$ | $0.5355$ |
| 182 | $I_3^- + 2e^- \Longrightarrow 3I^-$ | $0.536$ |
| 183 | $2IBr + 2e^- \Longrightarrow I_2 + 2Br^-$ | $1.02$ |
| 184 | $ICN + 2e^- \Longrightarrow I^- + CN^-$ | $0.30$ |
| 185 | $2HIO^- + 2H^+ + 2e^- \Longrightarrow I_2 + 2H_2O$ | $1.429$ |
| 186 | $HIO + H^+ + 2e^- \Longrightarrow I^- + H_2O$ | $0.987$ |
| 187 | $2IO^- + H_2O + 2e^- \Longrightarrow I_2 + 2OH^-$ | $0.485$ |
| 188 | $2IO_3^- + 12H^+ + 10e^- \Longrightarrow I_2 + 6H_2O$ | $1.195$ |
| 189 | $IO_3^- + 6H^+ + 6e^- \Longrightarrow I^- + 3H_2O$ | $1.085$ |
| 190 | $IO_3^- + 2H_2O + 4e^- \Longrightarrow IO^- + 4OH^-$ | $0.15$ |
| 191 | $IO_3^- + 3H_2O + 6e^- \Longrightarrow I^- + 6OH^-$ | $0.26$ |
| 192 | $2IO_3^- + 6H_2O + 10e^- \Longrightarrow I_2 + 12OH^-$ | $0.21$ |
| 193 | $H_5IO_6 + H^+ + 2e^- \Longrightarrow IO_3^- + 3H_2O$ | $1.601$ |
| 194 | $In^+ + e^- \Longrightarrow In$ | $-0.14$ |
| 195 | $In^{3+} + 3e^- \Longrightarrow In$ | $-0.338$ |
| 196 | $In(OH)_3 + 3e^- \Longrightarrow In + 3OH^-$ | $-0.99$ |
| 197 | $Ir^{3+} + 3e^- \Longrightarrow Ir$ | $1.156$ |
| 198 | $IrBr_6^{2-} + e^- \Longrightarrow IrBr_6^{3-}$ | $0.99$ |
| 199 | $IrCl_6^{2-} + e^- \Longrightarrow IrCl_6^{3-}$ | $0.867$ |
| 200 | $K^+ + e^- \Longrightarrow K$ | $-2.931$ |
| 201 | $La^{3+} + 3e^- \Longrightarrow La$ | $-2.379$ |
| 202 | $La(OH)_3 + 3e^- \Longrightarrow La + 3OH^-$ | $-2.90$ |
| 203 | $Li^+ + e^- \Longrightarrow Li$ | $-3.040$ |
| 204 | $Lr^{3+} + 3e^- \Longrightarrow Lr$ | $-1.96$ |
| 205 | $Lu^{3+} + 3e^- \Longrightarrow Lu$ | $-2.28$ |
| 206 | $Md^{2+} + 2e^- \Longrightarrow Md$ | $-2.10$ |
| 207 | $Md^{3+} + 3e^- \Longrightarrow Md$ | $-1.65$ |
| 208 | $Mg^{2+} + 2e^- \Longrightarrow Mg$ | $-2.372$ |

| 序号 | 电极过程 | $E^{\ominus}/V$ |
|------|----------|-----------------|
| 209 | $Mg(OH)_2 + 2e^- \Longrightarrow Mg + 2OH^-$ | $-2.690$ |
| 210 | $Mn^{2+} + 2e^- \Longrightarrow Mn$ | $-1.185$ |
| 211 | $Mn^{3+} + 3e^- \Longrightarrow Mn$ | $1.542$ |
| 212 | $MnO_2 + 4H^+ + 2e^- \Longrightarrow Mn + 2H_2O$ | $1.224$ |
| 213 | $MnO_4^- + 4H^+ + 3e^- \Longrightarrow MnO_2 + 2H_2O$ | $1.679$ |
| 214 | $MnO_4^- + 8H^+ + 5e^- \Longrightarrow Mn^{2+} + 4H_2O$ | $1.057$ |
| 215 | $MnO_4^- + 2H_2O + 3e^- \Longrightarrow MnO_2 + 4OH^-$ | $0.595$ |
| 216 | $Mn(OH)_2 + 2e^- \Longrightarrow Mn + 2OH^-$ | $-1.56$ |
| 217 | $Mo^{3+} + 3e^- \Longrightarrow Mo$ | $-0.200$ |
| 218 | $MoO_4^{2-} + 4H_2O + 6e^- \Longrightarrow Mo + 8OH^-$ | $-1.05$ |
| 219 | $N_2 + 2H_2O + 6H^+ + 6e^- \Longrightarrow 2NH_4OH$ | $0.092$ |
| 220 | $2NH_4OH^+ + H^+ + 2e^- \Longrightarrow N_2H_5^+ + 2H_2O$ | $1.42$ |
| 221 | $2NO + H_2O + 2e^- \Longrightarrow N_2O + 2OH^-$ | $0.76$ |
| 222 | $2HNO_2 + 4H^+ + 4e^- \Longrightarrow N_2O + 3H_2O$ | $1.297$ |
| 223 | $NO_3^- + 3H^+ + 2e^- \Longrightarrow HNO_2 + H_2O$ | $0.934$ |
| 224 | $NO_3^- + H_2O + 2e^- \Longrightarrow NO_2^- + 2OH^-$ | $0.01$ |
| 225 | $2NO_3^- + 2H_2O + 2e^- \Longrightarrow N_2O_4^- + 4OH^-$ | $-0.85$ |
| 226 | $Na^+ + e^- \Longrightarrow Na$ | $-2.713$ |
| 227 | $Nb^{3+} + 3e^- \Longrightarrow Nb$ | $-1.099$ |
| 228 | $NbO_2 + 4H^+ + 4e^- \Longrightarrow Nb + 2H_2O$ | $-0.690$ |
| 229 | $Nb_2O_5 + 10H^+ + 10e^- \Longrightarrow 2Nb + 5H_2O$ | $-0.644$ |
| 230 | $Nd^{2+} + 2e^- \Longrightarrow Nd$ | $-2.1$ |
| 231 | $Nd^{3+} + 3e^- \Longrightarrow Nd$ | $-2.323$ |
| 232 | $Ni^{2+} + 2e^- \Longrightarrow Ni$ | $-0.257$ |
| 233 | $NiCO_3 + 2e^- \Longrightarrow Ni + CO_3^{2-}$ | $-0.45$ |
| 234 | $Ni(OH)_2 + 2e^- \Longrightarrow Ni + 2OH^-$ | $-0.72$ |
| 235 | $NiO_2 + 4H^+ + 2e^- \Longrightarrow Ni^{2+} + 2H_2O$ | $1.678$ |
| 236 | $No^{2+} + 2e^- \Longrightarrow No$ | $-2.50$ |
| 237 | $No^{3+} + 3e^- \Longrightarrow No$ | $-1.20$ |
| 238 | $Np^{3+} + 3e^- \Longrightarrow Np$ | $-1.856$ |
| 239 | $NpO_2 + H_2O + H^+ + e^- \Longrightarrow Np(OH)_3$ | $-0.962$ |
| 240 | $O_2 + 4H^+ + 4e^- \Longrightarrow 2H_2O$ | $1.229$ |
| 241 | $O_2 + 2H_2O + 4e^- \Longrightarrow 4OH^-$ | $0.401$ |
| 242 | $O_3 + H_2O + 2e^- \Longrightarrow O_2 + 2OH^-$ | $1.24$ |
| 243 | $Os^{2+} + 2e^- \Longrightarrow Os$ | $0.85$ |
| 244 | $OsCl_6^{3-} + e^- \Longrightarrow Os^{2+} + 6Cl^-$ | $0.4$ |
| 245 | $OsO_2 + 2H_2O + 4e^- \Longrightarrow Os + 4OH^-$ | $-0.15$ |

续表

| 序号 | 电极过程 | $E^{\ominus}/V$ |
|---|---|---|
| 246 | $OsO_4 + 8H^+ + 8e^- \rightleftharpoons Os + 4H_2O$ | 0.838 |
| 247 | $OsO_4 + 4H^+ + 4e^- \rightleftharpoons OsO_2 + 2H_2O$ | 1.02 |
| 248 | $P + 3H_2O + 3e^- \rightleftharpoons PH_3(g) + 3OH^-$ | $-0.87$ |
| 249 | $H_2PO_2^- + e^- \rightleftharpoons P + 2OH^-$ | $-1.82$ |
| 250 | $H_3PO_3 + 2H^+ + 2e^- \rightleftharpoons H_3PO_2 + H_2O$ | $-0.499$ |
| 251 | $H_3PO_3 + 3H^+ + 3e^- \rightleftharpoons P + 3H_2O$ | $-0.454$ |
| 252 | $H_3PO_4 + 2H^+ + 2e^- \rightleftharpoons H_3PO_3 + H_2O$ | $-0.276$ |
| 253 | $PO_4^{3-} + 2H_2O + 2e^- \rightleftharpoons HPO_3^{2-} + 3OH^-$ | $-1.05$ |
| 254 | $Pa^{3+} + 3e^- \rightleftharpoons Pa$ | $-1.34$ |
| 255 | $Pa^{4+} + 4e^- \rightleftharpoons Pa$ | $-1.49$ |
| 256 | $Pb^{2+} + 2e^- \rightleftharpoons Pb$ | $-0.126$ |
| 257 | $Pb^{2+} + 2e^- \rightleftharpoons Pb(Hg)$ | $-0.121$ |
| 258 | $PbBr_2 + 2e^- \rightleftharpoons Pb + 2Br^-$ | $-0.284$ |
| 259 | $PbCl_2 + 2e^- \rightleftharpoons Pb + 2Cl^-$ | $-0.268$ |
| 260 | $PbCO_3 + 2e^- \rightleftharpoons Pb + 2CO_3^{2-}$ | $-0.506$ |
| 261 | $PbF_2 + 2e^- \rightleftharpoons Pb + 2F^-$ | $-0.344$ |
| 262 | $PbI_2 + 2e^- \rightleftharpoons Pb + 2I^-$ | $-0.365$ |
| 263 | $PbCO_3 + 2e^- \rightleftharpoons Pb + 2CO_3^{2-}$ | $-0.580$ |
| 264 | $PbO^+ + 4H^+ + 2e^- \rightleftharpoons Pb + 2H_2O$ | 0.25 |
| 265 | $PbO_2^+ + 4H^+ + 2e^- \rightleftharpoons Pb^{2+} + 2H_2O$ | 1.455 |
| 266 | $HPbO_2^- + H_2O + 2e^- \rightleftharpoons Pb + 3OH^-$ | $-0.537$ |
| 267 | $PbO_2 + SO_4^{2-} + 4H^+ + 2e^- \rightleftharpoons PbSO_4 + 2H_2O$ | 1.691 |
| 268 | $PbSO_4 + 2e^- \rightleftharpoons Pb + SO_4^{2-}$ | $-0.359$ |
| 269 | $Pd^{2+} + 2e^- \rightleftharpoons Pd$ | 0.915 |
| 270 | $PdBr_4^{2-} + 2e^- \rightleftharpoons Pd + 4Br^-$ | 0.6 |
| 271 | $PdO_2 + H_2O + 2e^- \rightleftharpoons PdO + 2OH^-$ | 0.73 |
| 272 | $Pd(OH)_2 + 2e^- \rightleftharpoons Pd + 2OH^-$ | 0.07 |
| 273 | $Pm^{2+} + 2e^- \rightleftharpoons Pm$ | $-2.20$ |
| 274 | $Pm^{3+} + 3e^- \rightleftharpoons Pm$ | $-2.30$ |
| 275 | $Po^{4+} + 4e^- \rightleftharpoons Po$ | 0.76 |
| 276 | $Pr^{2+} + 2e^- \rightleftharpoons Pr$ | $-2.0$ |
| 277 | $Pr^{3+} + 3e^- \rightleftharpoons Pr$ | $-2.353$ |
| 278 | $Pt^{2+} + 2e^- \rightleftharpoons Pt$ | 1.18 |
| 279 | $PtCl_6^{2-} + 2e^- \rightleftharpoons PtCl_4^{2-} + 2Cl^-$ | 0.68 |
| 280 | $Pt(OH)_2 + 2e^- \rightleftharpoons Pt + 2OH^-$ | 0.14 |
| 281 | $PtO_2 + 4H^+ + 4e^- \rightleftharpoons Pt + 2H_2O$ | 1.00 |
| 282 | $PtS + 2e^- \rightleftharpoons Pt + S^{2-}$ | $-0.83$ |

| 序号 | 电极过程 | $E^{\ominus}/V$ |
|---|---|---|
| 283 | $Pu^{3+}+3e^-\!=\!\!=\!Pu$ | $-2.031$ |
| 284 | $Pu^{5+}+e^-\!=\!\!=\!Pu^{4+}$ | $1.099$ |
| 285 | $Ra^{2+}+2e^-\!=\!\!=\!Ra$ | $-2.8$ |
| 286 | $Rb^++e^-\!=\!\!=\!Rb$ | $-2.98$ |
| 287 | $Re^{3+}+3e^-\!=\!\!=\!Re$ | $0.300$ |
| 288 | $ReO_2+4H^++4e^-\!=\!\!=\!Re+2H_2O$ | $0.251$ |
| 289 | $ReO_4^-+4H^++3e^-\!=\!\!=\!ReO_2+2H_2O$ | $0.510$ |
| 290 | $ReO_4^-+4H_2O+7e^-\!=\!\!=\!Re+8OH^-$ | $-0.584$ |
| 291 | $Rh^{2+}+2e^-\!=\!\!=\!Rh$ | $0.600$ |
| 292 | $Rh^{3+}+3e^-\!=\!\!=\!Rh$ | $0.758$ |
| 293 | $Ru^{2+}+2e^-\!=\!\!=\!Ru$ | $0.455$ |
| 294 | $RuO_2+4H^++2e^-\!=\!\!=\!Ru^{2+}+2H_2O$ | $1.120$ |
| 295 | $RuO_4+6H^++4e^-\!=\!\!=\!Ru(OH)_2^{2+}+2H_2O$ | $1.40$ |
| 296 | $S+2e^-\!=\!\!=\!S^{2-}$ | $-0.476$ |
| 297 | $S+2H^++2e^-\!=\!\!=\!H_2S(水溶液,aq)$ | $0.142$ |
| 298 | $S_2O_6^{2-}+4H^++2e^-\!=\!\!=\!2H_2SO_3$ | $0.564$ |
| 299 | $2SO_3^{2-}+3H_2O+4e^-\!=\!\!=\!S_2O_3^{2-}+6OH^-$ | $-0.571$ |
| 300 | $2SO_3^{2-}+2H_2O+2e^-\!=\!\!=\!S_2O_4^{2-}+4OH^-$ | $-1.12$ |
| 301 | $SO_4^{2-}+H_2O+2e^-\!=\!\!=\!SO_3^{2-}+2OH^-$ | $-0.93$ |
| 302 | $Sb+3H^++3e^-\!=\!\!=\!SbH_3$ | $-0.510$ |
| 303 | $Sb_2O_3+6H^++6e^-\!=\!\!=\!2Sb+H_2O$ | $0.152$ |
| 304 | $Sb_2O_5+6H^++4e^-\!=\!\!=\!2SbO^++3H_2O$ | $0.581$ |
| 305 | $SbO_3^-+H_2O+2e^-\!=\!\!=\!SbO_2^-+2OH^-$ | $-0.59$ |
| 306 | $Sc^{3+}+3e^-\!=\!\!=\!Sc$ | $-2.077$ |
| 307 | $Sc(OH)_3+3e^-\!=\!\!=\!Sc+3OH^-$ | $-2.6$ |
| 308 | $Se+2e^-\!=\!\!=\!Se^{2-}$ | $-0.924$ |
| 309 | $Se+2H^++2e^-\!=\!\!=\!H_2Se(水溶液,aq)$ | $-0.399$ |
| 310 | $H_2SeO_3+4H^++4e^-\!=\!\!=\!Se+3H_2O$ | $-0.74$ |
| 311 | $SeO_3^{2-}+3H_2O+4e^-\!=\!\!=\!Se+6OH^-$ | $-0.366$ |
| 312 | $SeO_4^{2-}+H_2O+2e^-\!=\!\!=\!SeO_3^{2-}+2OH^-$ | $0.05$ |
| 313 | $Si+4H^++4e^-\!=\!\!=\!SeH_4(气体)$ | $0.102$ |
| 314 | $Si+4H_2O+4e^-\!=\!\!=\!SeH_4+4OH^-$ | $-0.73$ |
| 315 | $SiF_6^{2-}+4e^-\!=\!\!=\!Se+6F^-$ | $-1.24$ |
| 316 | $SiO_2+4H^++4e^-\!=\!\!=\!Si+2H_2O$ | $-0.857$ |
| 317 | $SiO_3^{2-}+3H_2O+4e^-\!=\!\!=\!Si+6OH^-$ | $-1.697$ |
| 318 | $Sm^{2+}+2e^-\!=\!\!=\!Sm$ | $-2.68$ |
| 319 | $Sm^{3+}+3e^-\!=\!\!=\!Sm$ | $-2.304$ |

续表

| 序号 | 电极过程 | $E^\ominus/\text{V}$ |
|------|----------|----------------------|
| 320 | $Sn^{2+}+2e^-\mathop{=\!=}Sn$ | $-0.138$ |
| 321 | $Sn^4+2e^-\mathop{=\!=}Sn^{2+}$ | $0.151$ |
| 322 | $SnCl_4^{2-}+2e^-\mathop{=\!=}Sn+4Cl^-$ | $-0.19$ |
| 323 | $SnF_6^{2-}+2e^-\mathop{=\!=}Sn+6F^-$ | $-0.25$ |
| 324 | $Sn(OH)_3^++3H^++2e^-\mathop{=\!=}Sn^{2+}+3H_2O$ | $0.142$ |
| 325 | $SnO_2+4H^++4e^-\mathop{=\!=}Sn+2H_2O$ | $-0.117$ |
| 326 | $Sn(OH)_6^{2-}+2e^-\mathop{=\!=}HSnO_2^-+3OH^-+H_2O$ | $-0.93$ |
| 327 | $Sr^{2+}+2e^-\mathop{=\!=}Sr$ | $-2.899$ |
| 328 | $Sr^{2+}+2e^-\mathop{=\!=}Sr(Hg)$ | $-1.793$ |
| 329 | $Sr(OH)_2+2e^-\mathop{=\!=}Sr+2OH^-$ | $-2.88$ |
| 330 | $Ta^{3+}+3e^-\mathop{=\!=}Ta$ | $-0.6$ |
| 331 | $Tb^{3+}+3e^-\mathop{=\!=}Tb$ | $-2.28$ |
| 332 | $Tc^{2+}+2e^-\mathop{=\!=}Tc$ | $0.400$ |
| 333 | $TcO_4^-+8H^++7e^-\mathop{=\!=}Tc+4H_2O$ | $0.472$ |
| 334 | $TcO_4^-+2H_2O+3e^-\mathop{=\!=}TcO_2+4OH^-$ | $-0.311$ |
| 335 | $Te+2e^-\mathop{=\!=}Te^{2-}$ | $-1.143$ |
| 336 | $Te^{4+}+4e^-\mathop{=\!=}Te$ | $0.568$ |
| 337 | $Th^{4+}+4e^-\mathop{=\!=}Th$ | $-1.899$ |
| 338 | $Ti^{2+}+2e^-\mathop{=\!=}Ti$ | $-1.630$ |
| 339 | $Ti^{3+}+3e^-\mathop{=\!=}Ti$ | $-1.37$ |
| 340 | $TiO_2+4H^++2e^-\mathop{=\!=}Ti^{2+}+2H_2O$ | $-0.502$ |
| 341 | $TiO^{2+}+2H^++e^-\mathop{=\!=}Ti^{3+}+H_2O$ | $0.1$ |
| 342 | $Tl^++e^-\mathop{=\!=}Tl$ | $-0.336$ |
| 343 | $Tl^{3+}+3e^-\mathop{=\!=}Tl$ | $0.741$ |
| 344 | $Tl^{3+}+Cl^-+2e^-\mathop{=\!=}TlCl$ | $1.36$ |
| 345 | $TlBr+e^-\mathop{=\!=}Tl+Br^-$ | $-0.658$ |
| 346 | $TlCl+e^-\mathop{=\!=}Tl+Cl^-$ | $-0.557$ |
| 347 | $TlI+e^-\mathop{=\!=}Tl+I^-$ | $-0.752$ |
| 348 | $Tl_2O_3+3H_2O+4e^-\mathop{=\!=}2Tl^++6OH^-$ | $0.02$ |
| 349 | $TlOH+e^-\mathop{=\!=}Tl+OH^-$ | $-0.34$ |
| 350 | $Tl_2SO_4+2e^-\mathop{=\!=}2Tl+SO_4^{2-}$ | $-0.436$ |
| 351 | $Tm^{2+}+2e^-\mathop{=\!=}Tm$ | $-2.4$ |
| 352 | $Tm^{3+}+3e^-\mathop{=\!=}Tm$ | $-2.319$ |
| 353 | $U^{3+}+3e^-\mathop{=\!=}U$ | $-1.798$ |
| 354 | $UO_2+4H^++4e^-\mathop{=\!=}U+2H_2O$ | $-1.40$ |
| 355 | $UO_2^++4H^++e^-\mathop{=\!=}U^{4+}+2H_2O$ | $0.612$ |
| 356 | $UO_2^{2+}+4H^++6e^-\mathop{=\!=}U+2H_2O$ | $-1.444$ |

| 序号 | 电极过程 | $E^{\ominus}/V$ |
|---|---|---|
| 357 | $V^{2+}+2e^-{=\!=\!=}V$ | $-1.175$ |
| 358 | $VO^{2+}+2H^++e^-{=\!=\!=}V^{3+}+H_2O$ | $0.337$ |
| 359 | $VO_2^++2H^++e^-{=\!=\!=}VO^{2+}+H_2O$ | $0.991$ |
| 360 | $VO_2^++4H^++2e^-{=\!=\!=}V^{3+}+2H_2O$ | $0.668$ |
| 361 | $V_2O_5+10H^++10e^-{=\!=\!=}2V+5H_2O$ | $-0.242$ |
| 362 | $W^{3+}+3e^-{=\!=\!=}W$ | $0.1$ |
| 363 | $WO_3+6H^++6e^-{=\!=\!=}W+3H_2O$ | $-0.090$ |
| 364 | $W_2O_5+2H^++2e^-{=\!=\!=}2WO_2+H_2O$ | $-0.031$ |
| 365 | $Y^{3+}+3e^-{=\!=\!=}Y$ | $-2.372$ |
| 366 | $Yb^{2+}+2e^-{=\!=\!=}Yb$ | $-2.76$ |
| 367 | $Yb^{3+}+3e^-{=\!=\!=}Yb$ | $-2.19$ |
| 368 | $Zn^{2+}+2e^-{=\!=\!=}Zn$ | $-0.7618$ |
| 369 | $Zn^{2+}+2e^-{=\!=\!=}Zn(Hg)$ | $-0.7628$ |
| 370 | $Zn(OH)_2+2e^-{=\!=\!=}Zn+2OH^-$ | $-1.249$ |
| 371 | $ZnS+2e^-{=\!=\!=}Zn+S^{2-}$ | $-1.40$ |
| 372 | $ZnSO_4+2e^-{=\!=\!=}Zn(Hg)+SO_4^{2-}$ | $-0.799$ |

# 附录 15 元素的相对原子质量

| 元素 | 符号 | 相对原子质量 | 元素 | 符号 | 相对原子质量 | 元素 | 符号 | 相对原子质量 |
|---|---|---|---|---|---|---|---|---|
| 银 | Ag | 107.87 | 碳 | C | 12.011 | 铒 | Er | 167.26 |
| 铝 | Al | 26.982 | 钙 | Ca | 40.078 | 铕 | Eu | 151.96 |
| 氩 | Ar | 39.948 | 镉 | Cd | 112.41 | 氟 | F | 18.998 |
| 砷 | As | 74.922 | 铈 | Ce | 140.12 | 铁 | Fe | 55.845 |
| 金 | Au | 196.97 | 氯 | Cl | 35.453 | 镓 | Ga | 69.723 |
| 硼 | B | 10.811 | 钴 | Co | 58.933 | 钆 | Gd | 157.25 |
| 钡 | Ba | 137.33 | 铬 | Cr | 51.996 | 锗 | Ge | 72.61 |
| 铍 | Be | 9.0122 | 铯 | Cs | 132.91 | 氢 | H | 1.0079 |
| 铋 | Bi | 208.98 | 铜 | Cu | 63.546 | 氦 | He | 4.0026 |
| 溴 | Br | 79.904 | 镝 | Dy | 162.50 | 铪 | Hf | 178.49 |

续表

| 元素 | 符号 | 相对原子质量 | 元素 | 符号 | 相对原子质量 | 元素 | 符号 | 相对原子质量 |
|------|------|------|------|------|------|------|------|------|
| 汞 | Hg | 200.59 | 镎 | Np | 237.05 | 锡 | Sn | 118.71 |
| 钬 | Ho | 164.93 | 氧 | O | 15.999 | 锶 | Sr | 87.62 |
| 碘 | I | 126.90 | 锇 | Os | 190.23 | 钽 | Ta | 180.95 |
| 铟 | In | 114.82 | 磷 | P | 30.974 | 铽 | Tb | 158.9 |
| 铱 | Ir | 192.22 | 铅 | Pb | 207.2 | 碲 | Te | 127.60 |
| 钾 | K | 39.098 | 钯 | Pd | 106.42 | 钍 | Th | 232.04 |
| 氪 | Kr | 83.80 | 镨 | Pr | 140.91 | 钛 | Tl | 47.867 |
| 镧 | La | 138.91 | 铂 | Pt | 195.08 | 铊 | Ti | 204.38 |
| 锂 | Li | 6.941 | 镭 | Ra | 226.03 | 铥 | Tm | 168.93 |
| 镥 | Lu | 174.97 | 铷 | Rb | 85.468 | 铀 | U | 238.03 |
| 镁 | Mg | 24.305 | 铼 | Re | 186.21 | 钒 | V | 50.942 |
| 锰 | Mn | 54.938 | 铑 | Rh | 102.91 | 钨 | W | 183.84 |
| 钼 | Mo | 95.94 | 钌 | Ru | 101.07 | 氙 | Xe | 131.29 |
| 氮 | N | 14.007 | 硫 | S | 32.066 | 钇 | Y | 88.906 |
| 钠 | Na | 22.990 | 锑 | Sb | 121.76 | 镱 | Yb | 173.04 |
| 铌 | Nb | 92.906 | 钪 | Sc | 44.956 | 锌 | Zn | 65.39 |
| 钕 | Nd | 144.24 | 硒 | Se | 78.96 | 锆 | Zr | 91.224 |
| 氖 | Ne | 20.180 | 硅 | Si | 28.086 | | | |
| 镍 | Ni | 58.693 | 钐 | Sm | 150.36 | | | |

# 附录 16　常见化合物的相对分子质量

| 化合物 | $M_r$ | 化合物 | $M_r$ | 化合物 | $M_r$ |
|------|------|------|------|------|------|
| $Ag_3AsO_4$ | 462.52 | $H_3AsO_3$ | 125.94 | $(NH_4)_2C_2O_4$ | 124.10 |
| $AgBr$ | 187.77 | $H_3AsO_4$ | 141.94 | $(NH_4)_2C_2O_4 \cdot H_2O$ | 142.11 |
| $AgCl$ | 143.32 | $H_3BO_3$ | 61.83 | $NH_4SCN$ | 76.12 |
| $AgCN$ | 133.89 | $HBr$ | 80.912 | $NH_4HCO_3$ | 79.055 |

| 化合物 | $M_r$ | 化合物 | $M_r$ | 化合物 | $M_r$ |
|---|---|---|---|---|---|
| AgSCN | 165.95 | HCN | 27.026 | $(NH_4)_2MoO_4$ | 196.01 |
| $Ag_2CrO_4$ | 331.73 | HCOOH | 46.026 | $NH_4NO_3$ | 80.043 |
| AgI | 234.77 | $CH_3COOH$ | 60.052 | $(NH_4)_2HPO_4$ | 132.06 |
| $AgNO_3$ | 169.87 | $H_2CO_3$ | 62.025 | $(NH_4)_2S$ | 68.14 |
| $AlCl_3$ | 133.34 | $H_2C_2O_4$ | 90.035 | $(NH_4)_2SO_4$ | 132.13 |
| $AlCl_3 \cdot 6H_2O$ | 241.43 | $H_2C_2O_4 \cdot 2H_2O$ | 126.07 | $NH_4VO_3$ | 116.98 |
| $Al(NO_3)_3$ | 213.00 | HCl | 36.461 | $Na_2AsO_3$ | 191.89 |
| $Al(NO_3)_3 \cdot 9H_2O$ | 375.13 | HF | 20.006 | $Na_2B_4O_7$ | 201.22 |
| $Al_2O_3$ | 101.96 | HI | 127.91 | $Na_2B_4O_7 \cdot 10H_2O$ | 381.37 |
| $Al(OH)_3$ | 78.00 | $HIO_3$ | 175.91 | $NaBiO_3$ | 279.97 |
| $Al_2(SO_4)_3$ | 342.14 | $HNO_3$ | 63.013 | NaCN | 49.007 |
| $Al_2(SO_4)_3 \cdot 18H_2O$ | 666.41 | $HNO_2$ | 47.013 | NaSCN | 81.07 |
| $As_2O_3$ | 197.84 | $H_2O$ | 18.015 | $Na_2CO_3$ | 105.99 |
| $As_2O_5$ | 229.84 | $H_2O_2$ | 34.015 | $Na_2CO_3 \cdot 10H_2O$ | 286.14 |
| $As_2S_3$ | 246.02 | $H_3PO_4$ | 97.995 | $Na_2C_2O_4$ | 134.00 |
| $BaCO_3$ | 197.34 | $H_2S$ | 34.08 | $CH_2COONa$ | 82.034 |
| $BaC_2O_4$ | 225.35 | $H_2SO_3$ | 82.07 | $CH_2COONa \cdot 3H_2O$ | 136.08 |
| $BaCl_2$ | 208.24 | $H_2SO_4$ | 98.07 | NaCl | 58.443 |
| $BaCl_2 \cdot 2H_2O$ | 244.27 | $Hg(CN)_2$ | 252.63 | NaClO | 74.442 |
| $BaCrO_4$ | 253.32 | $HgCl_2$ | 271.50 | $NaHCO_3$ | 84.007 |
| $BaO_2$ | 153.33 | $Hg_2Cl_2$ | 472.09 | $Na_2HPO_4 \cdot 12H_2O$ | 358.14 |
| $Ba(OH)_2$ | 171.34 | $Hg_2I_2$ | 454.40 | $Na_2H_2Y \cdot 2H_2O$ | 372.24 |
| $BaSO_4$ | 233.39 | $Hg_2(NO_3)_2$ | 525.10 | $NaNO_2$ | 68.995 |
| $BiCO_3$ | 315.34 | $Hg_2(NO_3)_2 \cdot 2H_2O$ | 561.22 | $NaNO_3$ | 84.995 |
| BiOCl | 260.43 | $Hg(NO_3)_2$ | 324.60 | $Na_2O$ | 61.979 |
| $CO_2$ | 44.01 | HgO | 216.59 | $Na_2O_2$ | 77.978 |
| CaO | 56.08 | HgS | 232.65 | NaOH | 39.997 |
| $CaCO_3$ | 100.09 | $HgSO_4$ | 296.65 | $Na_3PO_4$ | 163.94 |
| $CaC_2O_4$ | 128.10 | $Hg_2SO_4$ | 497.24 | $Na_2S$ | 78.04 |
| $CaCl_2$ | 110.99 | $KAl(SO_4)_2 \cdot 12H_2O$ | 474.38 | $Na_2S \cdot 9H_2O$ | 240.18 |
| $CaCl_2 \cdot 6H_2O$ | 219.08 | KBr | 119.00 | $NaSO_3$ | 126.04 |
| $Ca(NO_3)_2 \cdot 4H_2O$ | 236.15 | $KBrO_3$ | 167.00 | $Na_2SO_4$ | 142.04 |
| $Ca(OH)_2$ | 74.09 | KCl | 74.551 | $Na_2S_2O_3$ | 158.10 |
| $Ca_3(PO_4)_2$ | 310.18 | $KClO_3$ | 122.55 | $Na_2S_3 \cdot 5H_2O$ | 248.17 |
| $CaSO_4$ | 136.14 | $KClO_4$ | 138.55 | $NiCl_2 \cdot 6H_2O$ | 237.69 |
| $CdCO_3$ | 172.42 | KCN | 65.116 | NiO | 74.69 |

| 化合物 | $M_r$ | 化合物 | $M_r$ | 化合物 | $M_r$ |
|---|---|---|---|---|---|
| $CdCl_2$ | 183.32 | $KSCN$ | 97.18 | $Ni(NO_3)_2 \cdot 6H_2O$ | 290.79 |
| $CdS$ | 144.47 | $K_2CO_3$ | 138.21 | $NiS$ | 90.75 |
| $Ce(SO_4)_2$ | 332.24 | $K_2CrO_4$ | 194.19 | $NiSO_4 \cdot 7H_2O$ | 280.85 |
| $Ce(SO_4)_2 \cdot 4H_2O$ | 404.30 | $K_2Cr_2O_7$ | 294.18 | $P_2O_5$ | 141.94 |
| $CoCl_2$ | 129.84 | $K_3Fe(CN)_6$ | 329.25 | $PbCO_3$ | 267.20 |
| $CoCl_2 \cdot 6H_2O$ | 237.93 | $K_4Fe(CN)_6$ | 368.35 | $PbC_2O_4$ | 295.22 |
| $Co(NO_3)_2$ | 132.94 | $KFe(SO_4)_2 \cdot 12H_2O$ | 503.24 | $PbCl_2$ | 278.10 |
| $Co(NO_3)_2 \cdot 6H_2O$ | 291.03 | $KHC_2O_4 \cdot H_2O$ | 146.14 | $PbCrO_4$ | 323.20 |
| $CoS$ | 90.99 | $KHC_2O_4 \cdot H_2C_2O_4 \cdot 2H_2O$ | 254.19 | $Pb(CH_3COO)_2$ | 325.30 |
| $CoSO_4$ | 154.99 | $KHC_4H_4O_6$ | 188.18 | $PbI_2$ | 461.00 |
| $CoSO_4 \cdot 7H_2O$ | 281.10 | $KHSO_4$ | 136.16 | $Pb(NO_3)_2$ | 331.20 |
| $Co(NH_2)_2$ | 60.06 | $KI$ | 166.00 | $PbO$ | 223.20 |
| $CrCl_3$ | 158.35 | $KIO_3$ | 214.00 | $PbO_2$ | 239.20 |
| $CrCl_3 \cdot 6H_2O$ | 266.45 | $KIO_3 \cdot HIO_3$ | 389.91 | $Pb_3(PO_4)_2$ | 811.54 |
| $Cr(NO_3)_3$ | 238.01 | $KMnO_4$ | 158.03 | $PbS$ | 239.30 |
| $Cr_2O_3$ | 151.99 | $KNaC_4H_4O_6 \cdot 4H_2O$ | 282.22 | $PbSO_4$ | 303.30 |
| $CuCl$ | 98.999 | $KNO_3$ | 101.10 | $SO_3$ | 80.06 |
| $CuCl_2$ | 134.45 | $KNO_2$ | 85.104 | $SO_2$ | 64.06 |
| $CuCl_2 \cdot 2H_2O$ | 170.48 | $K_2O$ | 94.196 | $SbCl_3$ | 228.11 |
| $CuSCN$ | 121.62 | $KOH$ | 56.106 | $SbCl_5$ | 299.02 |
| $CuI$ | 190.45 | $K_2SO_4$ | 174.25 | $Sb_2O_3$ | 291.50 |
| $Cu(NO_3)_2$ | 187.56 | $MgCO_3$ | 84.314 | $Sb_2S_3$ | 339.68 |
| $Cu(NO_3)_2 \cdot 3H_2O$ | 241.60 | $MgCl_2$ | 95.211 | $SiF_4$ | 104.08 |
| $CuO$ | 79.545 | $MgCl_2 \cdot 6H_2O$ | 203.30 | $SiO_2$ | 60.084 |
| $Cu_2O$ | 143.09 | $MgC_2O_4$ | 112.33 | $SnCl_2$ | 189.62 |
| $CuS$ | 95.61 | $Mg(NO_3)_2 \cdot 6H_2O$ | 256.41 | $SnCl_2 \cdot 2H_2O$ | 225.65 |
| $CuSO_4$ | 159.60 | $MgNH_4PO_4$ | 137.32 | $SnCl_4$ | 260.52 |
| $CuSO_4 \cdot 5H_2O$ | 249.68 | $MgO$ | 40.304 | $SnCl_2 \cdot 5H_2O$ | 350.596 |
| $FeCl_2$ | 126.75 | $Mg(OH)_2$ | 58.32 | $SnO_2$ | 150.71 |
| $FeCl_2 \cdot 4H_2O$ | 198.81 | $Mg_2P_2O_7$ | 222.55 | $SnS$ | 150.776 |
| $FeCl_3$ | 162.21 | $MgSO_4 \cdot 7H_2O$ | 246.47 | $SrCO_3$ | 147.63 |
| $FeCl_3 \cdot 6H_2O$ | 270.30 | $MnCO_3$ | 114.95 | $SrC_2O_4$ | 175.64 |
| $FeNH_4(SO_4)_2 \cdot 12H_2O$ | 482.18 | $MnCl_2 \cdot 4H_2O$ | 197.91 | $SrCrO_4$ | 203.61 |
| $Fe(NO_3)_3$ | 241.86 | $Mn(NO_3)_2 \cdot 6H_2O$ | 287.04 | $Sr(NO_3)_2$ | 211.63 |
| $Fe(NO_3)_3 \cdot 9H_2O$ | 404.00 | $MnO$ | 70.937 | $Sr(NO_3)_2 \cdot 4H_2O$ | 283.69 |

| 化合物 | $M_r$ | 化合物 | $M_r$ | 化合物 | $M_r$ |
|---|---|---|---|---|---|
| FeO | 71.846 | $MnO_2$ | 86.937 | $SrSO_4$ | 183.68 |
| $Fe_2O_3$ | 159.69 | MnS | 87.00 | $ZnCO_3$ | 125.39 |
| $Fe_3O_4$ | 231.54 | $MnSO_4$ | 151.00 | $ZnC_2O_4$ | 153.40 |
| $Fe(OH)_3$ | 106.87 | $MnSO_4 \cdot 4H_2O$ | 223.06 | $ZnCl_2$ | 136.29 |
| FeS | 87.91 | NO | 30.006 | $Zn(NO_3)_2$ | 189.39 |
| $Fe_2S_3$ | 207.87 | $NO_2$ | 46.006 | $Zn(NO_3)_2 \cdot 6H_2O$ | 297.48 |
| $FeSO_4$ | 151.90 | $NH_3$ | 17.03 | ZnO | 81.38 |
| $FeSO_4 \cdot 7H_2O$ | 278.01 | $CH_3COONH_4$ | 77.083 | ZnS | 97.44 |
| $FeSO_4 \cdot (NH_4)_2SO_4 \cdot 6H_2O$ | 392.13 | $NH_4Cl$ | 53.491 | $ZnSO_4$ | 161.44 |
| | | $(NH_4)_2CO_3$ | 96.086 | $ZnSO_4 \cdot 7H_2O$ | 287.54 |

# 参考文献

[1] 武汉大学.分析化学实验 [M].第5版.北京:高等教育出版社,2011.

[2] 金谷,姚奇志,江万权等.分析化学实验.[M].合肥:中国科技大学出版社,2010.

[3] 曾鸽鸣,李庆宏.化验员必备知识与技能 [M].北京:化学工业出版社,2013.

[4] 夏玉宇.化学实验室手册 [M].第2版.北京:化学工业出版社,2008.

[5] 胡广林,张雪梅,徐宝荣.分析化学实验 [M].北京:化学工业出版社,2010.

[6] 张军,高嵩.分析化学实验教程 [M].北京:中国环境科学出版社,2009.

[7] 蔡明招.分析化学实验 [M].北京:化学工业出版社,2004.

[8] 安黛宗,华萍.大学化学实验 [M].武汉:中国地质大学出版社,2007.

[9] 华东理工大学化学系,四川大学化工学院.分析化学 [M].第5版.北京:高等教育出版社,2007.

[10] 池玉梅.分析化学实验 [M].武汉:华中科技大学出版社,2010.

[11] 俞斌,吴文源.无机与化学分析实验 [M].第2版.北京:化学工业出版社,2013.

[12] 武汉大学.分析化学(上册)[M].第5版.北京:高等教育出版社,2007.

[13] 彭崇慧.定量化学分析简明教程 [M].第2版.北京:北京大学出版社,2000.

[14] 蔡维平.基础化学实验(一)[M].北京:科学出版社,2006.

[15] 王升富,周立群,陈怀侠等.无机及化学分析实验 [M].北京:科学出版社,2009.

[16] 陈嫒梅,张春荣.分析化学实验 [M].北京:科学出版社,2012.

[17] 孙毓庆.分析化学实验 [M].北京:人民卫生出版社,1994.

[18] 扬州大学等合编.新编大学化学实验(二)[M].北京:化学工业出版社,2010.

[19] 古凤才,张义勤,崔建中等.分析化学实验 [M].北京:科学出版社,2010.

[20] 王冬梅,谢冰,宋吉勇等.分析化学实验 [M].武汉:武汉科技大学出版社,2007.

[21] 南京大学.无机及分析化学 [M].第3版.北京:高等教育出版社,2001.

[22] 庄京,林金明.基础分析化学实验 [M].北京:高等教育出版社,2007.

[23] 蔡炳新,陈贻文.基础化学实验 [M].第2版.北京:科学出版社,2007.

[24] 靳素荣,王志花.分析化学实验 [M].武汉:武汉理工大学出版社,2009.

[25] 蔡蒳,徐丽芳,丁蕙等.分析化学实验 [M].上海:上海交通大学出版社,2010.

[26] 魏琴.无机及分析化学教程 [M].北京:科学出版社,2010.

[27] 高丽华.基础化学实验 [M].北京:化学工业出版社,2004.

[28] 宋萍.甲醛法测定铵盐中总氮含量的有关问题讨论 [J].宜春学院学报,2003,25(2):39,68.

[29] 张秀英,王琳,张有娟,等.无机铵盐中氮含量测定方法的改进 [J].化学研究与应用,2001,13(6):699-700.

[30] 秦俊法.硼的生物必需性及人体健康效应 [J].广东微量元素科学,1999,6(9):1-14.

[31] 邹燕.关于对高锰酸钾标准溶液配制和标定的理解 [J].计量与测试技术,2010,37(7):26.

[32] 汤定宇.弱酸离解常数的测定方法探讨 [J].重庆师范学院学报(自然科学版),1994,11(1):78-85.

[33] 范小燕,于媛,徐嫔.酸碱指示剂离解常数的测定 [J].实验室科学,2007,2:89-90.

[34] 樊静,沈学静,王瑞勇,等.光度法测定甲基橙和二甲基黄在甲醇-水混合溶剂中的离解常数 [J].分析实验室,1998,17(4):5-8.

[35] 柴剑波,韦燕,吴春山.滴定法测定食品用硅藻土中硅的含量 [J].理化检验-化学分册,1997,33(3):134.

[36] 张元琴,马宏桂.洗衣粉中三聚磷酸钠的测定和讨论 [J].科技活动,2011,1,47-48.

[37] 侯五爱,郭毓琪,刘伟.常用洗衣粉中表面活性剂含量及去污能力的测定 [J].山西大同大学学报(自然科学版),2011,27(5):41-42.

[38] 厉磊,刘维红.饲料中钙含量测定方法的探讨 [J].牧草饲料,2010,6:133.

[39] 刘红云,郑举.国标中饲料级磷酸氢钙磷含量测定的改进 [J].中国饲料,2003,20:21-22.

[40] 孙云彩,刘端,安志达.鸡蛋壳中钙镁含量的测定 [J].唐山师范学院学报.2009,31(2):28-30.

[41] JJG196—1990《常用玻璃量器检定规程》.

[42] 中华人民共和国国家标准.GB 14936—2012食品安全国家标准硅藻土 [S].中华人民共和国卫生部,2013.